U0254327

国家中等职业教育改革发展示范学校重点建设专业精品课程教材

种 苗 生 产

主　　编　赵小平
副主编　贾光宏　赵东生
参　　编　曹洪青　郑红霞　李伊畅　王淳秋
主　　审　季玉山

机 械 工 业 出 版 社

本书共分四个单元，五个项目，十五个任务，十二个综合实训。内容包括园林植物常见的播种、扦插、嫁接、压条、分生五种繁殖方式。本书典型工作任务是根据课程教学目标，通过企业一线调研、专家研讨等途径确定的。全书按照工作内容归纳与分类，将内容重构为"市场热销鲜切花种苗生产""园林绿化植物种苗生产""节日花坛用花种苗生产""综合实训"四个学习单元，百合、菊、碧桃、夹竹桃、一串红种苗生产五个教学项目。典型工作任务的安排是由简单到复杂，由新手到专家，既符合职业工作过程的逻辑顺序，又符合学生的认知规律，从而提高了学生学习的积极性。按照典型工作任务的工作过程来序化相关专业知识，学生完成典型工作任务的同时，最终形成了相应的职业行动能力。

本书适用于职业院校园林类专业，也可以作为园林企业的职业培训教材和园林职工的参考用书。

图书在版编目（CIP）数据

种苗生产/赵小平主编 .—北京：机械工业出版社，2013.9
国家中等职业教育改革发展示范学校重点建设专业精品课程教材
ISBN 978-7-111-43365-1

Ⅰ．①种… Ⅱ．①赵… Ⅲ.①育苗—中等专业学校—教材
Ⅳ.①S604

中国版本图书馆 CIP 数据核字（2013）第 250825 号

机械工业出版社（北京市百万庄大街 22 号　邮政编码 100037）
策划编辑：刘思海　责任编辑：刘思海
版式设计：常天培　责任校对：王　欣
封面设计：赵颖喆　责任印制：李　洋

北京振兴源印务有限公司印刷

2014 年 1 月第 1 版第 1 次印刷
184mm×260mm · 7.75 印张 · 167 千字
0 001—2 000 册
标准书号：ISBN 978-7-111-43365-1
定价：23.00 元

编审委员会

主 任 委 员：段福生（北京市昌平职业学校）

副主任委员：赵五一（北京园林局花卉处处长，花卉协会秘书长）

薛立新（中国花艺大师）

郑艳秋（北京市昌平职业学校）

董凤军（北京市昌平职业学校）

贾光宏（北京市昌平职业学校）

朱厚峰

顾　　　问：王莲英（北京林业大学）

赵晨霞（北京农业职业学院）

季玉山（北京菊艺大师）

赵海涛（北京市昌平园林局）

委　　　员：晁慧娟　陈秀莉　杜小山　高世珍

高　鑫　郭　丹　李惠芳　李晓艳

李伊畅　李淑英　王丽平　王小婧

王亚娟　王　玉　吴亚芹　杨树明

张养忠　张　颖　赵东生　赵小平

郑红霞　朱厚峰

前 言 FOREWORD

近30年来，我国花卉面积增长50多倍，销售额增长90多倍，出口额增长300多倍，我国已成为世界最大的花卉生产基地、重要的花卉消费国和花卉进出口贸易国。花卉种苗产业在花卉生产中的地位和比重日益提高，也是提高我国在花卉产业中竞争力的重要途径。职业教育作为培养生产一线技术人员的主要力量，在产业发展中起着举足轻重的作用。

本课程是园林专业花卉生产与应用专业方向的核心课程，是根据播种育苗、扦插育苗、嫁接育苗、分生育苗四个典型职业活动直接转化的理论与实践一体化的课程，为后续课程"成苗生产""花卉室内应用""花卉室外应用"的学习打基础。该课程的任务是让学生掌握花卉种苗常用的繁育技能，培养学生节约材料、安全操作的意识和认真细致、精益求精的工作精神。

本书遵循职业教育"以工作过程为导向"的新课改精神，以培养社会和企业需要的"技术技能型人才"为编写目标，以理论实践一体化，做中学、学中做为指导原则，创新性地以种苗生产典型工作任务为主线，以典型植物生产为载体，将播种、扦插、嫁接、压条、分生繁殖方式的内容、要点、技术标准、生产流程一一予以呈现。通过企业人员参与、教师下企业等形式，将业内先进的技术融入教材。

本书由北京市昌平职业学校赵小平担任主编，贾光宏、赵东生担任副主编，参编人员有曹洪青、郑红霞、李伊畅、王淳秋。具体分工如下：单元一（赵小平、曹洪青），单元二（赵小平、贾光宏），单元三（郑红霞），综合实训一至四（赵东生），综合实训五至八（李伊畅），综合实训九至十二（王淳秋）。全书由赵小平统稿，由季玉山主审。

在本书的编写过程中，北京市高级园艺师、菊艺大师季玉山先生审阅了全书，并结合生产实际提出了宝贵的意见和建议。此外，还得到了机械工业出版社编辑的多方指导，昌平职业学校领导的支持和鼓励。在本书插图处理、排版等方面田群山同志做了大量工作，在此一并表示感谢。

由于编写水平有限，加之编写时间仓促，书中疏漏之处在所难免，敬请专家和读者批评指正。

编 者

目 录

单元一 市场热销鲜切花种苗生产

学习目标

在本单元的学习中，你要努力达到以下目标：

★ 知识目标

1. 熟悉生产计划、技术要求和规范。

2. 掌握分生时间的确定方法及分生操作步骤要求。

3. 了解苗床准备的要求和方法。

4. 掌握扦插材料的选择依据、处理方法和扦插步骤。

★ 能力目标

1. 能够按照分生和扦插要求进行苗床（基制）准备。

2. 能够正确熟练进行分株或分球操作。

3. 能够合理采集和处理插穗，并进行正确扦插。

4. 能够对分生苗和扦插苗进行日常管理。

★ 情感目标

1. 责任心强，具备吃苦耐劳的精神、团结协作的品德及良好的沟通能力。

2. 具有节约材料和安全使用工具的意识。

学习内容概要

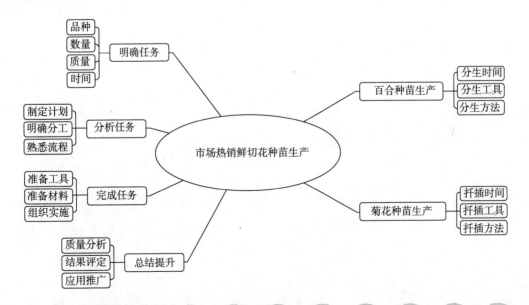

 预期成果

本单元的重点内容是以百合和菊花切花为例介绍市场热销鲜切花种苗生产，本单元结束后，你应获得如下预期成果：

➢ 百合种苗生产计划及项目总结报告。
➢ 菊花切花种苗生产计划及项目总结报告。
➢ 达标的百合鲜切花。
➢ 达标的菊花扦插苗（菊花苗长出 5~6 片叶）。

 学前准备

➢ 专业刊物类：《园林》、《花卉报》
➢ 网络连接：http：//www. ylstudy. com/（园林学习网）
　　　　　　　http：//www. chla. com. cn/（中国风景园林网）
　　　　　　　http：//www. co188. com/index _ yl. htm（网易园林）

项目一 切花百合种苗生产

百合作为常见的鲜切花在礼仪插花和艺术插花中应用广泛，深受人们喜欢。切花百合在生活中的应用如图 1-1 所示。

图 1-1 切花百合在生活中的应用

a) 百合花束 b) 百合瓶花 c) 百合餐桌花 d) 百合桌花

2009 年北京市切花百合年销售量为 5800 万支，而北京市地产的百合不足 150 万支，约占总销售量的 2.6%，在北京地区发展百合产业，市场前景广阔。根据北京市花卉产业规划，未来 3 年的花卉产业关键任务之一就是加快发展大宗切花产业，加快研发具有自主知识产权和适宜北京地区特点的花卉品种及适宜生产技术。

切花百合是适合做鲜切花的百合栽培品种，广泛应用于日常的家庭装饰、婚礼、庆典等，具备花大、色香、姿态优雅，美丽大方，花梗长，瓶插寿命长，花期容易调节，能够进行保护地栽培，温室栽培实现周年供应等特点，深得人们喜爱。

任务一　认识切花百合

任务描述

要进行百合的种苗生产，首先要认识百合花，了解百合花，通过市场调研，在调研的基础上结合百合的生态习性及当地的气候情况、园艺设施的智能化程度确定百合种苗生产的品种。

一、调研市场，确定切花百合品种的花型、花色

> 北京地区规模较大的花卉市场有莱太花卉市场、玉泉营花卉市场、通厦花卉市场等。

通过市场调研，根据市场需求，分析顾客心理，确定切花百合品种的花型和花色。只有知道市场需要什么样的切花百合才能保证生产出来的百合销路畅销，从而获得更大的经济效益。另外，不同的人群对切花百合的需要也有差别，只有充分考虑这些因素才能保证生产有的放矢。

1. 认识百合

百合是百合科百合属多年生草本球根植物，主要分布在亚洲东部、欧洲、北美洲等北半球温带地区，全球已发现有百余个品种，中国是其最主要的起源地，原产五十多种，是百合属植物自然分布中心。近年更有不少经过人工杂交而产生的新品种，如亚洲百合、麝香百合、香水百合等。百合的主要应用价值在于观赏，有些品种可作为蔬菜食用和药用。百合的形态特征如图 1-2 和图 1-3 所示。

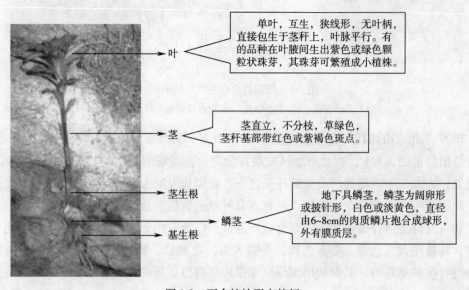

单叶，互生，狭线形，无叶柄，直接包生于茎秆上，叶脉平行。有的品种在叶腋间生出紫色或绿色颗粒状珠芽，其珠芽可繁殖成小植株。

叶

茎

茎直立，不分枝，草绿色，茎秆基部带红色或紫褐色斑点。

茎生根

鳞茎

基生根

地下具鳞茎，鳞茎为阔卵形或披针形，白色或淡黄色，直径由6~8cm的肉质鳞片抱合成球形，外有膜质层。

图 1-2　百合植株形态特征

花着生于茎秆顶端，呈总状花序，簇生或单生，花冠较大，花筒较长，呈漏斗形喇叭状，六裂无萼片，因茎秆纤细，花朵大，开放时常下垂或平伸；花色，因品种不同而色彩多样，多为黄色、白色、粉红、橙红，有的具紫色或黑色斑点。

图1-3　百合花型

2. 了解百合品种

切花百合是适合做鲜切花的百合栽培品种。目前主要有亚洲百合、东方百合、铁炮百合、喇叭系百合四大类。

亚洲百合如图1-4所示，花朵较小，没有香味，颜色多以黄色、白色和粉色为主。

铁炮百合如图1-5所示，花朵喇叭形，有特殊的香味，又叫麝香百合，颜色多为白色。

东方百合如图1-6所示，花朵较大，有香味，又叫香水百合，以白色和粉红色为主。

图1-4　亚洲百合

图1-5　铁炮百合

图1-6　东方百合

马上行动

列举你所知道的百合品种，并填写表1-1。

表1-1　列举百合品种

百合品种	典型特征	繁殖方式

二、根据所处环境气候特点确定切花百合品种的种类

不同的百合生产所需要的环境特点各不相同，如有些品种喜欢阳光和温暖湿润的环境。北京市昌平西部四镇具有丰富的光照和风力等自然资源，结合自身区位优势，目前正致力于东方百合品系相关生产。

1. 了解百合的生态习性

百合喜温煦湿润和阳光充足的环境，对环境温度要求严格。百合的生长适温为15～25℃，若温度低于10℃，则生长缓慢，若温度超过30℃则成长不良。生长过程中，以白天温度25～28℃和晚间温度10～15℃最好，但不同品种对环境的要求也是有差别的，三大类百合不同发育阶段的基本温度要求见表1-2。

表1-2　三大类百合不同发育阶段的基本温度要求　　　　（单位：℃）

百合品种	最低温度	生根最佳温度	营养生长最佳温度	花芽分化最佳温度	开花温度	最高温度
亚洲百合	8	12～13	14～15	白天：18 夜间：10	白天：22～25 夜间：12	25
东方百合	11	12～13	15～17	白天：20 夜间：15	白天：23～25 夜间：15	28
铁炮百合	13	12～13	16～18	白天：27 夜间：18	白天：25～28 夜间：18～20	32

2. 了解不同地区气候特点

不同地区气候特点情况可以通过网络进行查询，具体的可以参考以下网站：

1）http：//cdc.bjmb.gov.cn/（北京市气象科学数据共享服务网）

2）http：//www.mywtv.cn/（中国气象视频网）

马上行动

请查阅资料，收集当地气候特点：

＿＿＿＿＿＿＿＿＿＿＿＿＿＿＿＿＿＿＿＿＿＿＿＿＿＿＿＿＿＿＿＿＿

＿＿＿＿＿＿＿＿＿＿＿＿＿＿＿＿＿＿＿＿＿＿＿＿＿＿＿＿＿＿＿＿＿

＿＿＿＿＿＿＿＿＿＿＿＿＿＿＿＿＿＿＿＿＿＿＿＿＿＿＿＿＿＿＿＿＿

＿＿＿＿＿＿＿＿＿＿＿＿＿＿＿＿＿＿＿＿＿＿＿＿＿＿＿＿＿＿＿＿＿

＿＿＿＿＿＿＿＿＿＿＿＿＿＿＿＿＿＿＿＿＿＿＿＿＿＿＿＿＿＿＿＿＿

举例：

北京气候的主要特点是四季分明。春季干旱，夏季炎热多雨，秋季天高气爽，冬季寒冷干燥；风向有明显的季节变化，冬季盛行西北风，夏季盛行东南风。

四季气候特征如下：

春季：气温回升快，昼夜温差大。3 月平均温度为 4.5℃，4 月为 13.1℃。白天气温高，而夜间辐射冷却较强，气温低，是昼夜温差最大的季节。一般气温日较差为 12~14℃，最大日较差达 16.8℃。此外，春季冷空气活动仍很频繁，由于急剧降温，出现"倒春寒"天气，易形成晚霜冻。春季降水稀少。

夏季：酷暑炎热，降水集中，形成雨热同季。夏季除山区外，平原地区各月平均温度在 24℃ 以上。最热月虽不是 6 月，但极端最高温多出现在 6 月。进入盛夏 7 月，平均温度接近 26℃，高温持久稳定，昼夜温差小。夏季降水量占全年降水量的 70%，并多以暴雨的形式出现。

秋季：天高气爽，冷暖适宜，光照充足。

冬季：寒冷漫长。隆冬 1 月份平原地区平均温度在 -4℃ 以下，山区低于 -8℃，极端最低气温（平原）为 -27.4℃。冬季降水量占全年降水量的 2%。冬季虽寒冷干燥，但阳光多，每天平均日照在 6 小时以上。

三、根据生产条件确定切花百合品种的种类

生产中还要考虑自身生产条件情况，有的园艺设施智能化程度高，能进行比较精确的生产条件控制，这样就可以选择一些对环境要求严格的品种进行生产，反之，则选择一些抗逆性强的品种。

 知识加油站

设施园艺：又称设施栽培，是指在露地不适于园艺作物生长的季节（寒冷或炎热）或地区，利用特定的设施（保温、增温、降温、防雨、防虫），人为地创造适于作物生长的环境，以生产优质、高产、稳产的蔬菜、花卉、水果等园艺产品为目标的一种环控农业。

大棚：用来栽培植物的设施。在不适宜植物生长的季节，大棚能提供生育期和增加产量，多用于低温季节喜温蔬菜、花卉、林木等植物栽培或育苗等，如图1-7所示。

图1-7　大棚

排风扇：增强空气流通，用来降低温度和均衡温湿度，可以手动或自动控制，如图1-8所示。

热风机：增温设备，如图1-9所示。

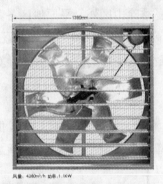

图1-8　排风扇

图1-9　热风机

马上行动

综合以上因素，请选择合适的切花百合品种，并填写表1-3。

表1-3　选择合适的切花百合品种

品种名称	选择依据

任务二　做好切花百合的生产准备

任务描述

要完成切花百合的生产，首先要明确生产的方法和技术要求，同时做好生产的准备。

百合种苗生产可以采用播种和分生等方式，但主要的方式是分生。分生繁殖是人为地将植物体上长出的幼植株体（如吸芽、珠芽、萌蘗）或植物营养器官的一部分（如走茎、变态茎等）与母株分离另行栽植而成独立新植株的繁殖方法，包括分株繁殖和分球繁殖。

一、分株繁殖

> 分株繁殖是将丛生花卉由根部分开，成为独立植株的方法。一般在春天植树期或分盆换土期和秋天分株移栽期进行。

1. 易产生萌蘗的花卉

木本花卉如木槿、紫荆、玫瑰、牡丹、芍药、大叶黄杨、侧柏、月季、贴梗海棠等和草本花卉如菊花、玉簪、萱草、中国兰花、美女樱、紫苑、蜀葵、非洲菊、石竹等，都采用分株的方法进行繁殖。

2. 分株方法

将整个植株连根挖出，脱去土团。按株丛的大小分 3 ~ 5 枝条为 1 丛，按 3 ~ 5 丛为 1 株，由根部用刀劈开，使每株都有自己的根、茎、叶，栽培于另一地方，浇水夯实，分株繁殖示意如图 1-10 所示。

3. 花卉分株时需注意的问题

1）君子兰出现吸芽后，吸芽必须有自己的根系以后才能分株，否则影响成活。

2）中国兰分株时，切勿伤及假鳞茎，假鳞茎一旦受伤，成活率就会受到影响。

3）分株时要检查病虫害，一旦发现，立即销毁或彻底消毒后栽培。

4）分株时根部的切伤口在栽培前用草木灰消毒，栽培后不易腐烂。

5）在春季分株注意土壤保墒（保持土壤中的含水量），避免栽植后被风抽干。

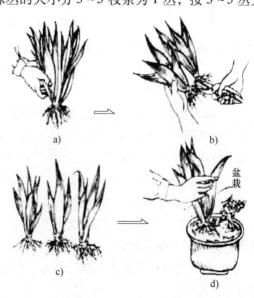

图 1-10　分株繁殖示意

a）掘起　b）、c）分开　d）分栽

6）秋冬季节分株时为防冻害，可适当加以保护。

7）匍匐茎的花卉如虎耳草、吊兰、草莓、竹类等分株时要注意掌握植株根、茎、叶的完整性。

二、分球繁殖

> 分球繁殖是将球根花卉的底下变态茎如球茎、块茎、鳞茎、根茎和块根等产生的仔球进行分级种植繁殖的方法。分球繁殖时期主要是春季和秋季。

1. 常见种类

百合、水仙、郁金香、唐菖蒲、美人蕉、鸢尾、睡莲、荷花、马蹄莲、花叶芋、大丽花、小丽花、花毛茛等。

2. 分球方法

一般球根掘取后将大、小球按级分开，置于通风处，使其经过休眠期后进行种植。分球繁殖示意如图 1-11 所示。

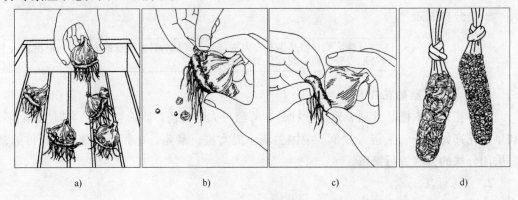

| a) | b) | c) | d) |

图 1-11　分球繁殖示意

a）挑选种球　b）、c）分球　d）分级

3. 分球繁殖需注意的问题

1）球茎、鳞茎、块茎直径超过 3cm 大球时才能开花，小仔球按大小分开种植，需经 2～3 年栽培后才能开花。

2）鳞茎类花卉如百合、水仙、郁金香等，在栽培中应对母球采用割伤处理，使花芽受到破坏而产生不定芽形成小鳞茎加大繁殖量。百合的叶腋间，可发生珠芽，这种珠芽取下后播种可产生小鳞茎，经栽培 2～3 年可长成开花球。

3）球茎类花卉如唐菖蒲、香雪兰、番红花等栽培中的老球产生新球，新球旁侧产生仔球（仔球是繁殖材料），也可将大球切割几块，每块具芽另行栽培成大球。

4）根茎类花卉如美人蕉、鸢尾等，含水分多，贮藏期要注意防冻。切割时要保护芽体，伤口要用草木灰消毒防止腐烂。

5）块茎花卉如马蹄莲、花叶芋等，分割时要注意不定芽的位置，切割时不能伤及芽而每块带芽。

6）块根类花卉如大丽花、小丽花、花毛茛等由根颈处萌发芽，分割时注意保护颈部的芽眼，一旦破坏就不能发芽，达不到繁殖的目的。

任务三 切花百合分生及后期管理

任务描述

进行切花百合分生繁殖时，要做好铺设苗床、处理种球、分生、种植、肥水管理及病虫害防治等工作，才能确保切花百合的质量。

图1-12 制作苗床

为了实现百合周年供应，必须采用不同种类的园艺设施，创造满足百合发育生产需要的条件，以生产出高质量的切花，取得更高的经济效益。不论哪种设施，在栽种之前都需要制作苗床，如图1-12所示。

一、苗床制作

1. 做畦

> **做畦标准**
> 1）畦宽100~120cm，过道50cm。2）畦高10~20cm。
> 3）畦长10m左右。　　　　　　4）畦的方向：南北为宜。

（1）工具　铁锹、细绳、尺子、橡胶锤。

（2）操作步骤

1）按照制作标准，丈量，定出做畦点，做标记。

2）在标记点间按照畦高标准进行开沟和拉线，保证做畦质量。

3）依据标记线用单匹砖垒畦，一般3块砖高度比较适宜。

2. 清土

> 百合根系喜欢排水性、透气性、持水性好的基质，所以一般的土壤不能满足百合的生产需要，在栽种前要进行棚土的清理。

（1）工具　铁锹（平锹）。

（2）操作步骤

1）将畦内的土壤清理出棚外。

2）按照畦高要求进行底部整平。

3. 铺基质

百合根系喜欢排水性、透气性和持水性好的基质。增加基质中有机质的含量可明显

改善基质的排水性、透气性、持水性，如采用草炭土。百合生产中不要使用含氯或氟的栽培基质，在做基质改良时，很多人使用珍珠岩或蛭石来改良基质的持水性、透气性、排水性。用珍珠岩或蛭石可以获得不错的效果，但有些来源不明的珍珠岩或蛭石里含有氯化物和氟化物，这对百合是很不利的，尤其是过量的氟化物会对百合造成十分明显的叶片灼伤（类似叶烧病，只是发病部位可能在下部叶片或全株都有）。

（1）工具　铁锹。

（2）操作步骤

1）根据切花百合品种的特点，合理选择基质及配比。

> 基质的选择与配比可参考http://nc.mofcom.gov.cn/news/1116212.html（百合生产网）

2）按照配制比例将基质混合均匀。

3）将配好的基质平铺于畦内，整平。

 知识加油站

常用栽培基质简介

草炭是由沼泽植物残体构成的疏松堆积物或经矿化而成的腐植物，它含有大量的有机质，具有质轻、持水、透气、不生虫、不污染环境等特点，可用于土壤改良，配制各类营养土、花卉土等，如图1-13所示。

蛭石是一种层状结构的含镁的水铝硅酸盐次生变质矿物，其主要作用是增加土壤（介质）的通气性和保水性，可用于花卉、蔬菜、水果栽培、育苗等方面。除作盆栽土和调节剂外，还用于无土栽培，如图1-14所示。

图1-13　草炭

图1-14　蛭石

查一查，找一找，还有哪些基质呢，找出后填写表1-4。

表1-4　其他基质

基质类型	典型特征	用途

4. 基质消毒

> **基质消毒的目的**
> 通过基质消毒，可以有效地杀死基质中的病菌与害虫，有效防止百合生长中病虫害的发生。

（1）工具　量筒（图1-15）、喷雾器（图1-16）。

图1-15　量筒

图1-16　背负式喷雾器

 知识加油站

背负式喷雾器的使用方法

背起喷雾器，一手摇动喷雾器压力杆，一手拿着喷杆即可实现全过程均衡稳定喷雾，且移动便携不振动，无噪声，全封闭，不漏液，避免了药液与人体的接触。由于加压均匀，大大延长了喷雾器的使用寿命！

（2）材料　40%甲醛（福尔马林）。

（3）操作步骤

1）计算用量。

> 使用时一般用水稀释成40～50倍液，然后用喷壶以20～40L/m³的水量喷洒基质。

2）量取药品。

3）配制药液：先在喷雾器内装入1/3的水，然后加入量好的药品，再加入水至喷雾器刻度线，不断搅拌均匀。

4）按照20～40L/m³的水量喷洒基质，将基质均匀喷湿。

 知识加油站

基质消毒常用方法

基质消毒最常用的方法有蒸汽消毒和化学药品消毒。

（1）蒸汽消毒　此法简便易行，经济实惠，安全可靠。凡在温室栽培条件下以蒸汽进行加热的，均可进行蒸汽消毒。方法是将基质装入柜内或箱内（体积为 $1～2m^3$），用通气管通入蒸汽进行密闭消毒。一般在 70～90℃ 条件下持续 15～30min 即可。

（2）化学药品消毒　所用的化学药品有氯化苦、溴甲烷（甲基溴）、威百亩、漂白剂等。

1）氯化苦。该药剂为液体，能有效地防治线虫、昆虫、一些杂草种子和具有抗性的真菌等。一般先将基质整齐堆放30cm左右的厚度，然后每隔20～30cm向基质内15cm深度处注入氯化苦药液3～5mL，并立即将注射孔堵塞。一层基质放完药后，再在其上铺一层同样厚度的基质打孔放药，如此反复，共铺2～3层。最后覆盖塑料薄膜，使基质在15～20℃条件下熏蒸7～10天。基质使用前要有7～8天的风干时间，以防止直接使用时危害作物。氯化苦对活的植物组织和人体有毒害作用，使用时务必注意安全。

2）溴甲烷。该药剂能有效地杀死大多数线虫、昆虫、杂草种子和一些真菌。使用时将基质堆起，然后用塑料管将药液喷注到基质上并混匀，用量一般为每立方米基质100～200g。混匀后用薄膜覆盖。密封2～5天，使用前要晾晒2～3天。溴甲烷有毒害作用，使用时要注意安全。

3）威百亩。威百亩是一种水溶性熏蒸剂，对线虫、杂草和某些真菌有杀伤作用。使用时1L威百亩加入 10～15L 水稀释，然后喷洒在 $10m^2$ 基质表面，施药且将基质密封，半月后可以使用。

4）漂白剂(次氯酸钠或次氯酸钙)。该消毒剂尤其适于砾石、沙子的消毒。一般在水池中配制0.3%～1%的药液（有效氯含量），浸泡基质半小时以上，最后用清水冲洗，消除残留氯。此法简便迅速，短时间就能完成。次氯酸也可代替漂白剂用于基质消毒。

5）喷洒完毕后关闭温室所有门窗 24h 以上。

6）种植前打开门窗让基质风干两周左右，以消除残留药物危害。

二、百合分球

1．分割

（1）工具　剪刀、利刀、塑料筐、手套。

（2）操作步骤　用剪刀清理母球上的枯鳞茎片，适当去除老根，对准母球与子球的连接点，用锋利的小刀切割。切割避免伤到子球，切口要平滑，以利伤口愈合，如图 1-17 所示。

2．伤口消毒

（1）工具　手持喷雾器、塑料筐、手套、口罩。

（2）材料　消毒药品（如 700～800 倍的 75% 百菌清可湿性粉剂，如图 1-18 所示）。

（3）操作步骤　用喷雾器将配制好的消毒溶液均匀喷洒到子球伤口上。

图 1-17　百合种球分割

百菌清对皮肤和眼睛有刺激作用，喷药时要注意保护哦！

图 1-18　百菌清

 知识加油站

常用分球繁殖的种类有百合、水仙、郁金香、唐菖蒲、美人蕉、鸢尾、睡莲、荷花、马蹄莲、花叶芋、大丽花、小丽花、花毛茛等。

三、种球处理

1．挑选种球

（1）工具　卡尺、塑料筐、手套。

（2）挑选标准　挑选品种纯正、无病虫害、球体完整的种球，如图 1-19 所示。

三大类百合周径要求及对应的等级见表 1-5。

图 1-19　百合种球

表1-5　三大类百合周径要求及对应的等级

百合品种	周径要求	等级数	等级标准				
亚洲百合	10cm	三个等级	10/12	12/14	14/16		
东方百合	12cm	五个等级	12/14	14/16	16/18	18/20	20 +

2. 种球消毒

（1）工具　量筒、药桶、计时器。

（2）材料　多菌灵。

（3）操作步骤

1）用1000倍多菌灵溶液喷洒种球。

2）将百合种球放入50～55℃的水中，浸种25min后，将水温降至30℃左右浸种30min，可以促进鳞茎内的营养物质的循环以及减少病虫害的发生。

3. 种球催芽

新收获的鳞茎已经进入休眠，进行种植前，先要打破休眠。

（1）工具　量筒、药桶、手套。

（2）材料　植物生长调节剂（赤霉素、吲哚乙酸等）。

（3）操作步骤

1）将种球用100mg/L的赤霉素浸泡4天。

2）将种球进行催芽处理，不同的品种催芽处理方法及时间见表1-6所示。

表1-6　不同品种催芽处理方法及时间

品种名称	催芽时间	催芽温度/℃
亚洲百合	30～40天	2～5
东方百合	70天以上	2～5
麝香百合	20天	30

四、种植百合

1. 种球解冻

（1）环境　冷库、暗室。

（2）操作步骤

1）将暗室的温度调至12～15℃。

2）将种球顺序码放在暗室中7～8天。

> 芽长3cm以下的种球不要浪费哦，可以放回暗室继续催芽。

3）待幼芽生长4～5cm时准备种植。

2. 种球挑选及分级

（1）工具　卡尺、塑料筐、手套、筐。

（2）操作步骤

1）剔除催芽不足球（芽长3cm以下）、病球、烂球。

2）将种球大小、催芽程度近似的种球芽朝上摆放在同一个筐内。

> 为什么一定要把种球大小、催芽程度近似的种球放在一起呢?

3. 种球消毒

（1）工具 手持喷雾器、塑料筐、手套。

（2）材料 消毒药品（如 500 倍 50% 多菌灵）。

（3）操作步骤 用喷雾器将配制好的消毒溶液均匀喷洒到种球上。

4. 种植种球

（1）工具 尺子、塑料筐、手套、水管。

（2）材料 消毒后的种球。

（3）操作步骤

1）按照适宜的株行距进行开沟，开沟深度为种球高度的三倍。

> 百合的种植密度应根据品种、周长、季节、光照等有所变化，一般情况下，夏季为16cm×16cm，冬季为17cm×17cm。

2）在沟内按照规定株距放球，要求球稳芽正。

3）在种球上覆土并整平，冬季覆土 6～8cm，温暖季节覆土 8～10cm。

4）浇透水。

马上行动

1）分株繁殖一般在秋天落叶后至（　　　　）进行。

2）适于用分球方法繁殖的花木有（　　）、（　　）、（　　）等。

3）下列花卉常用分株繁殖的是（　　　）。

A. 芍药　　　　　B. 月季　　　　　　　C. 鸡冠花　　　　　D. 三色堇

4）多肉多浆植物在切割后，应该（　　　）。

A. 立即分栽　　　B. 稍晒干伤口再栽植　　　C. 无所谓

五、百合苗期管理

1. 中耕除草

（1）工具 简易中耕除草工具（图1-20）、大中型中耕除草工具（图1-21）。

（2）材料 新高脂膜。

（3）操作步骤

1）百合出苗后，要适时中耕除草（图1-22），疏松土壤，促使地下鳞茎和根系的健康发育。

2）喷施新高脂膜，可保墒保肥效，防蒸发蒸腾，窒息驱虫和防杂草迁播。

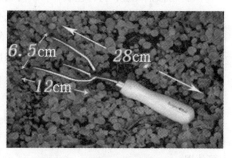

图1-20 简易中耕除草工具

图1-21　大中型中耕除草工具

图1-22　苗期进行中耕除草

 知识加油站

新高脂膜粉剂是以高级脂肪酸与多种化合物科学复配，采用特色科研新工艺合成的一种可湿性粉剂。本品稀释使用后自动扩散，形成一层超薄的保护膜紧贴植物体，不影响作物吸水透气透光，保护作物不受外部病害的侵染，被美称为"植物保健衣"。新高脂膜可用于各种作物拌种、土壤保墒、苗体保护、防病减灾等，同时又是农药生产工艺中重要的中间体，也可用于农药、叶肥增效，如图1-23所示。

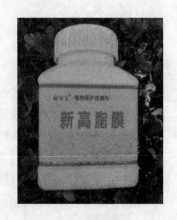

图1-23　新高脂膜

使用方法

1）母液的配置：打开包装，将新高脂膜粉剂放进原包装瓶内，加凉水至瓶口，充分搅动（要求粉剂全部溶解）成母液乳膏。

2）母液的稀释：将配置好的母液以每瓶300g质量计算，根据需求按比例加水稀释至全部溶解，即可喷雾使用。

3）配成的母液也可根据需要直接使用。

4）新高脂膜在植物生长各个生长阶段均可使用。

注意事项

1）新高脂膜本身不具备杀菌作用，不是化肥，也不属于农药，是多功能植物保护外用品，防病机理属物理防治。化学性质为中性，可与各类液体任意比例混合使用，也可单独使用。

2）给作物喷雾时应使叶片正、反面均匀，喷雾1h后遇雨不必再补喷。

3）无毒、无污染，理化性质稳定，保质期3年，母液保质期6个月，稀释液保质期20天。

在实际操作中要注意勿伤及幼苗,你能想到哪些操作技巧呢?

_____

_____

_____

_____

2. 温度控制

(1) 工具　地温计(图1-24和图1-25)、高低温度计(图1-26)。

(2) 设施　风机(图1-27)、水帘等。

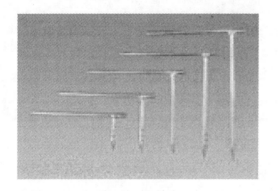

图1-24　直角五支组地温计

图1-25　数字式地温计

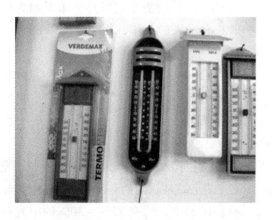

图1-26　高低温度计

图1-27　降温设施负压风机

(3) 操作步骤　打开遮阳网——打开山墙通风窗——打开顶部通风窗——打开风机及水帘。

要想获得高品质的百合切花,温室的温度控制十分重要。在定植后的3～4周内土壤温度必须保持9～13℃的低温,以促进生根。温度过低会不必要地延长生长期限,而温度高于15℃，则会导致茎生根发育不良。这些茎生根很快会代替基生根为植株提供90%的水分和营养，所以要想获得高品质的百合，茎生根的发育状况十分关键。

生根期过后东方百合的环境温度应控制在 15~25℃，亚洲百合和麝香百合的环境温度应控制在 14~23℃。若白天温度过高则应以通风、遮阴来降低温度；若夜温达15~25℃，则百合切花花茎短，花苞少，品质降低，此时可用赤霉素溶液喷浇植株以增加花茎长度（具体用量因不同的生长期和不同的环境温度而有所不同，一般生长初期可少些，后期可多些）。国内的日光温室冬季温度普遍会延长百合的生长期，并严重影响切花的品质，所以应增加调节温度的手段。

马上行动

在实际操作中还有哪些温度控制的方法呢？

_____

_____

_____

_____

3. 其他管理措施

（1）肥水管理　定植前的土壤湿度为握紧成团、落地松散为好。在温度较高的季节，定植前，如有条件应浇一次冷水，以降低土壤温度。定植后，再浇一次水，使土壤和种球充分接触，为茎生根的发育创造良好的条件。以后的浇水以保持土壤湿润为标准，即手握一把土成团但不出水为宜。浇水一般选在晴天的上午，相对湿度以80%~85%为宜，相对湿度应避免太大的波动，否则可能发生叶烧。

切花百合球生长的前期主要消耗自身鳞片中贮存的营养，因此定植前不需加过多底肥，定植一个月以后，可视土地肥力追施一些肥料。百合对钾元素的需求量很大，可按 $N:P_2O_5:K_2O = 14:7:21$ 的比例配制复混肥料。按每亩每次10kg追施，每 10~15 天一次，直至采花前3周，同时也应注意微量元素的补充，如铁、硼、锌等。

（2）光照控制　光是控制质量的重要条件，百合花芽发育尤其需要充足的光照。光照不足会造成植株生长不良并引起百合落芽，叶色、花色变浅，瓶插寿命缩短。在中国北方冬季种植百合，由于受玻璃或塑料膜等保温材料的影响，约有 25%~30% 的阳光被遮挡，所以除了要保持玻璃及塑料膜表面清洁，使之透光良好外，有些品种还需进行补光，补光可用白炽灯。在好的现代温室中应使用园艺用高压钠灯。夏季生产百合还要避免强阳光直射，一般用遮阳网遮阴。亚洲和麝香百合遮光40%，东方百合遮光50%。

（3）花期控制　百合叶色翠绿，花形奇特，色泽高雅，很惹人喜爱。在花蕾期喷洒花朵壮蒂灵，可促使花蕾强壮、花瓣肥大、花色艳丽、花香浓郁、花期延长。同时，百合种植收获的是鳞茎，在花期前要喷施地果壮蒂灵，使其营养运输导管变粗，使鳞茎膨大活力，果面光滑，果型健壮，优质高产。

 知识加油站

　　二氧化碳对百合的生长和开花有利。晴天上午的 8～10 点，可在不通风的棚内，施用二氧化碳气丸以增加棚内二氧化碳的含量。当然也可用其他方法，例如每隔15～20m 悬挂一个塑料桶（桶到地面的高度为 1m），桶内装好 20% 的碳酸氢钠（家庭常用的小苏打就是碳酸氢钠）溶液，然后逐渐将配好的 10% 的稀硫酸溶液分 3～4 次倒入各塑料桶内，碳酸氢钠同硫酸发生反应便可产生二氧化碳气体。60m 长，7m 宽的日光温室需 1.7kg 纯碳酸氢钠和 1kg 浓硫酸（浓度为 98%）来产生二氧化碳。

马上行动

在百合的日常管理中，你做了哪些工作呢？有什么样的体会？

_____

_____

_____

_____

六、百合病虫害防治

1. 百合的常见病害及防治方法

（1）青霉病

1）症状。百合青霉病鳞茎，如图 1-28 所示。贮藏期间，若得此病，则会在鳞片腐烂斑点上长出白色的斑点，然后会长出绒毛状的绿蓝色的斑块。被侵染后，甚至在 -2℃ 的低温时，腐烂也会逐步增加。病菌将最终侵入鳞茎的基盘，使鳞茎失去价值或使植株生长迟缓。虽然受感染的鳞茎看起来不健康，但只要鳞茎基盘完整，那么在栽种期间植株的生长将不会受到影响。种植后，侵染不会转移到茎秆上，也不从土壤中侵染植株。

图 1-28　百合青霉病鳞茎

2）防治。将种球贮藏在所推荐的最低温度中；不要种植那些基盘已被侵害的鳞茎；感病的种球种前必须用千分之一的克菌丹、百菌清、多菌灵等杀菌剂水溶液浸泡30min，然后定植，之后，保持适宜的土壤温度。

（2）由镰刀菌引起的茎部病害

1）症状。鳞茎和鳞片腐烂的植株，生长非常缓慢，叶片呈淡绿色。在鳞片顶部出现褐色斑点，在侧面或鳞片与基盘连接处，这些斑点逐渐开始腐烂，如果基盘茎被侵染，那么整个鳞球就会腐烂。镰刀菌引起的茎产生的病害是侵染地上部的病害。识别的标志是基部叶片在未成年就变黄，变黄叶成褐色而脱落。在茎的地下部分，出现橙色到黑褐色斑点，之后病斑扩大，到达茎内部，最后茎部腐烂，植株未成年就死去。百合被镰刀菌侵染后病状如图1-29所示。

2）防治。消毒被感染的土壤；尽可能快地把那些轻度或中度感染的鳞茎种完，土壤温度要低。

（3）立枯病

危害鳞茎和根系，使鳞茎腐烂，根系烂死，最后植株直立枯死。

1）症状。如果感染轻微的话，只危害土壤中的叶片和幼芽下部的绿叶，叶片上出现下陷的淡褐色的斑点。一般来说，虽然植株的生长受一些影响，但仍能继续生长。感染严重的植株，它的上部生长受到妨碍，地下部分白色叶片以及地上部最基部的那些叶片将会腐烂或萎蔫而落去，只在茎上留下褐色的疤痕。百合立枯病病状如图1-30所示。

图1-29 百合被镰刀菌侵染后病状

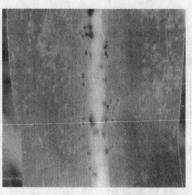

图1-30 百合立枯病病状

2）防治。在种植前要注意选择无病的鳞茎，并用0.1%的石灰水上清液浸泡鳞茎8~10min进行消毒。在大田管理过程中，要增施磷钾肥，避免偏施氮肥，以提高植株的抗病能力。一般每月根部施1次磷酸二氢钾或高效生物磷钾肥，每株施25~30g，施时对清水或沤制腐熟的人畜粪水2~3kg后淋施。大田发病后，用敌克松600倍液或硫酸铜1000倍液进行灌根，每隔7~10天灌1次，连灌2~3次，每次每株灌药液2~3kg。

（4）百合软腐病

1）症状。危害鳞茎，使鳞茎腐烂，并散发出恶臭气味，在温度高和湿度大时发生严重，蔓延迅速。

2）防治。在种植前，要选择无损伤的鳞茎，并用0.1%的高锰酸钾溶液浸泡8~10min进行消毒。大田发病后，用农用硫酸链霉素5000倍液或新植霉素5000倍液灌根和喷洒叶面，每次每株灌 2～3kg，每隔 7～10 天喷 1 次，连喷 2～3 次，以喷湿叶面至滴水为宜。

（5）百合灰霉病

1）症状。危害花蕾、花朵，在花蕾和花朵上布满淡黄色灰霉状物，使花蕾皱缩、脱落，花朵腐烂、凋萎。在潮湿的环境中很容易发病。

2）防治。当花蕾、花朵上出现淡黄色灰霉状物后，用速克灵 1000 倍液（或腐霉利 1000 倍液，或灰霉净 1000 倍液）每隔 7～10 天喷洒叶面 1 次，连续喷洒 2～3 次，注意务必喷洒到花蕾和花朵上，以开始有水珠顺着叶片或花朵往下滴为宜。

（6）叶斑病

1）症状。危害叶片，在叶面上出现水渍状暗褐色病斑，使叶片失绿、黄化并枯萎、死亡、脱落。

2）防治。当叶片上出现暗褐色水渍状病斑时，用敌力脱 1000 倍液（或晴菌唑 1000 倍液，或叶斑净 800 倍液）每隔 7～10 天喷洒叶面 1 次，连续喷洒 2～3 次，均匀喷湿所有的叶片，以开始有水珠顺着叶片往下滴为宜。

（7）病毒病

1）症状。危害整个植株，造成新根不发，新叶不长，越长越小，叶片短束丛状，并逐渐黄化、枯萎、死亡。

2）防治。在百合生长过程中，一般应每月根部淋洒或叶面喷洒 1 次植物病毒疫苗 600 倍液（或病毒净 600 倍液，或病毒必克 600 倍液），每次每株淋 2～3kg，或以喷湿叶面至滴水为宜，以削弱植株体内病毒的活性，有效地防止植株发病。

2. 百合生理性病害

（1）叶烧 当植株吸水和蒸发之间的平衡被破坏时即会出现叶片焦枯，这是吸水或蒸腾不足时引起幼叶细胞缺钙的结果，最终细胞被损害并死亡。同时较差的根系、土壤中高的盐含量以及温室中相对湿度的急剧变化会影响到这过程。敏感品种大球更加容易发生。

1）症状。首先，幼叶稍向内卷曲，数天之后，焦枯的叶片上出现黄色到白色的斑点。若叶片焦枯较轻，植株还可以继续正常生长，但若叶片焦枯很严重，白色斑点可转变成褐色，伤害发生处，叶片弯曲。在很严重的情况下，所有的叶片和幼芽都会脱落，植株不会进一步发育，这称之为"最严重的焦枯"。

2）防治。确保植株良好的根系；种植前应让土壤湿润；最好不要用敏感的品种或采用小球；种植深度要适宜，在鳞茎上方应有 6～10cm 的土层；在敏感性增强的时间里，避免温室中的温度和相对湿度有大的差异，尽量保持相对湿度水平在 75% 左右；防止过速的生长；确保植株能保持稳定的蒸腾。

（2）落蕾和花芽干缩 当植株不能得到充足的光照时便会发生落蕾。在光照缺乏的条件下，花芽内的雄蕊产生乙烯，引起花芽败育。如果根系生存条件差，就会增加蕾干缩的危险。

1）症状。在花蕾长到 1～2cm 时出现落蕾。花蕾的颜色转为淡绿色，同时，与茎相连的花梗缩短，随后花蕾脱落。在春季，低位花蕾首先受影响，而在秋季，高位花蕾将首先脱落。

花芽干缩在整个生长期中都会发生。花芽完全变为白色并变干。这些干花芽有时会脱落，假若在发育早期阶段出现花芽干缩，那么在以后会在叶腋上出现微小的白色斑点。

2）防治。不要将易落蕾的品种栽培在光照差的环境下；为防止花芽干缩，在栽培期间鳞茎不能干燥；确保植株的根系良好地生长。

（3）缺素症　在百合的栽培过程中，可能会碰到一种或多种缺素的症状，其中有些可通过叶片颜色的变化进行判断。若及时地补充相应的元素，这些症状可被预防或缓解。

1）缺氮（N）。

① 症状。植株生长迟缓；叶片为均匀的浅绿色到黄色。

② 解决方法。可使用速效氮肥较快调整过来，如硝酸钙 [$Ca(NO_3)_2$]、尿素 [$CO(NH_2)_2$] 或硝酸钾（KNO_3）。这些肥料可与灌溉水混合使用或进行喷施，然后进行淋洗。

2）缺钙（Ca）。

① 症状。植株生长迟缓，叶片颜色变浅；叶尖向下弯曲，有时尖端变为褐色；叶片有时浅绿并带有白色斑点；根部发育不良。

② 解决方法。可在种植前在土壤中加入石灰来预防；还有一些其他的肥料也有助于减缓缺钙症状的发生，如碳酸镁（$MgCO_3$）、氧化镁（MgO）、氢氧化镁 [$Mg(OH)_2$]。

3）缺磷（P）。

① 症状。植株生长迟缓；叶片颜色浅绿色，无光泽；老叶的尖端变为红褐色。

② 解决方法。栽培时缺磷较难补救。在栽培前土壤中磷的含量应该适宜，可使用磷酸氢钙（$CaHPO_4$）来补充，该肥料中不含有氟，可在准备土壤前撒在土壤上。

4）缺钾（K）。

① 症状。植株生长迟缓，而且有些矮；生长率不如正常植株；幼叶暗黄绿色，叶尖褐色；整个叶片上分布一些小的白色坏死斑点；叶尖枯萎。

② 解决方法。可使用硝酸钾等肥料来进行弥补，该肥料可混合在灌溉液中提供。

5）缺镁（Mg）。

① 症状。缺镁的表现较快，最老的叶片表现得最明显。主要表现为植株生长迟缓；叶片浅绿色并向下弯；有时沿叶片纵向有褐-白色斑点。

② 解决方法。可使用硫酸镁来进行补救，将其溶解在灌溉水中提供给植株，或直接喷洒在植株间的地面上。

6）缺铁（Fe）。

① 症状。缺铁的症状在任何类型的土壤中都可能发生，在百合中，特别是东方杂交型和铁炮杂交型容易出现缺铁的症状。它们表现为：叶脉间发黄；症状主要集中在植株的上部；在生长速度较快的时候容易发生；严重时，铁炮杂交型百合的顶部叶片会变为白色。

② 解决方法。可使用螯合铁来预防。它们的效果主要取决于土壤中的 pH 值。较常用的两种螯合铁是 EDDHA 和 DTPA。由于 EDDHA 适用的土壤 pH 范围在 3.5～9，所以它可用于任何类型的土壤。DTPA 适用的土壤 pH 范围为酸性到 7，当土壤中的 pH 值高于 7 时，它所起到的效果将大大降低。根据植株所表现出症状的严重程度，可使用 3～5g/m² 螯合铁。使用后，如果没有完全淋洗干净的话，EDDHA 将在叶片上留下黑褐色的斑点。DTPA 可与肥料一起使用，这种螯合铁有 3% 和 6% 两种形式。因为太阳光会使螯合铁分解，溶解好的螯合铁应注意避免阳光的照射。

7) 缺锰（Mn）。缺锰在百合中不是很明显，而且它对植株生长的影响也不大。

① 症状。植株最顶端的新叶颜色变浅；叶尖有时会发黄或浅棕色。

② 解决方法。可通过给植株提供螯合态的锰或硫酸锰来解决。

（4）毒害　在百合种植过程中，钾、镁、铁、铜、硼、钼元素的过量都不会在叶片上表现出症状。但锰元素的过量会使叶脉变为紫色，开始时在老叶叶尖上出现紫红色的小斑点。锰过量会在土壤蒸汽消毒后发生，当土壤 pH 低时更为严重。这种情况可通过在土壤中加入石灰来进行平衡（至少要等 1 周后才能种植），将土壤的 pH 值升高到 6.5 以上，或至少要等待 3 周以后再种植。土壤中钙元素的水平高则会造成植株对铁、磷和镁元素吸收的阻遏。

3. 虫害

（1）地上害虫　蚜虫（图 1-31）、红蜘蛛（图 1-32）、介壳虫、白粉虱等危害百合叶片，刺吸汁液，传播病毒病，并使植株衰退，影响开花，应每月叶面喷洒 1 次蚜虱净 1000 倍液（或乐斯本 1000 倍液，或农地乐 1000 倍液）进行防治。

图 1-31　蚜虫

图 1-32　红蜘蛛

1) 症状。受传染的植株，其底部的叶片发育正常，但上部的叶片在发育初期卷曲并呈畸形。蚜虫危害幼叶，尤其是向下的叶片，也危害幼芽，使之产生绿色的斑点，花变得畸形并部分仍为绿色。

2) 防治。清除杂草，若有蚜虫出现，每周用杀虫剂喷施作物。交替用药以防蚜虫产生抗药性。

（2）地下害虫 蛴螬、蝼蛄、蟋蟀、小地老虎均为地下害虫，它们咬食地下根系，使植株倒伏、死亡。应每月根部淋洒 1 次乐斯本 1000 倍液（或敌百虫 800 倍液，或草木灰浸出液 25 ~ 30 倍液、沤制腐熟的兔粪水 10 ~ 15 倍液）进行防治，每次每株淋药液 2 ~ 3kg。

马上行动

在日常养护中，你遇到了哪些病虫害，如何防治，请填写表 1-7。

表 1-7　病虫害的防治

病虫害类型	症状	防治方法

七、百合切花的采收

（1）收获期 当基部第一朵花苗充分膨胀并着色（已现花瓣本色）时即可进行切花。若一支花枝有 10 个以上花蕾时，必须有 3 个花蕾着色后再采收。过早采收影响花色，花会显得苍白难看，并且一些花蕾不能开放。过晚采收，会给采收后的处理与包装带来困难，花瓣被花粉弄脏，而且已开放的花会释放乙烯，大大缩短花的保鲜期。图 1-33 所示为收获期的百合。

图 1-33　百合收获期

（2）采收方法　离地15cm（约5~6片叶子）处用利刀切下。如果不能采收后立即分级捆扎，必须在30min以内放入清水中冷藏（降温并补充水分），再放进冷藏室，水和冷藏室的温度最好为2~3℃。

> 采收可以用小刀、剪刀、枝剪等工具。创口的大小直接影响到日后的保鲜，因此要求工具锋利，手法娴熟，剪口整齐。

（3）分级、捆扎　依花径长短、花苞多少、茎的硬度及叶片和花蕾正常程度分为1级、2级、3级和等外级4个标准。分完级后去掉茎基部10cm范围内的叶子，每10支或5支捆成一扎放入冷水中。捆扎在一束中的百合，最长枝与最短枝最好不超过5cm，花顶部对齐。百合类鲜切花分级标准见表1-8。

表1-8　百合类鲜切花分级标准

品种	一级	二级	三级
皇族：粉系，花型中等，花苞为11.5~12.9cm，茎秆强健，正常有焦叶现象，瓶插期长，中生品种	4个花苞以上，枝长70cm以上，花苞、枝叶无病害、破损，茎秆强健	3个花苞，枝长60~70cm，品质略低于一级	1~2个花苞，枝长60cm以下，茎秆稍弱，品质不高
诸侯：粉系，粉红带深粉红点，花型大，花苞约12.9cm或以上，茎秆强健，无焦叶现象，瓶插期长，晚生品种	4个花苞以上，枝长80cm以上，花苞、枝叶无病害，无破损，茎秆特别强健	3个花苞，枝长60~80cm，品质略低于一级	1~2个花苞，枝长60cm以下，茎秆一般
钦差：粉系，淡粉色，花型大，花苞约12.9cm或以上，茎秆强健，无焦叶现象，早生品种	4个花苞以上，枝长70cm以上，花苞大，枝叶无病害	3个花苞，枝长60~70cm，花苞较大	1~2个花苞，枝长60cm以下，品质一般
凤眼：黄系，深黄色，花型大，花苞约8.4cm或以上，茎秆特别强健，稍有焦叶现象	4个花苞以上，枝长70cm以上，茎秆强健，无病害	3个花苞，枝长60~70cm，茎秆强健，稍有焦叶现象	1~2个花苞，枝长60cm以下，茎秆一般，焦叶现象较重
红火火：粉系，深粉红色，花型大，花苞12.9cm或以上，茎秆强健，无焦叶现象，瓶插期长	4个花苞以上，枝长70cm以上，茎秆强健，无病害	3个花苞，枝长60~80cm，茎秆一般	1~2个花苞，枝长60cm以下
元帅：粉系，深粉红色，花型大，花苞约12.9cm或以上，茎秆强健，瓶插期长，中生品种	4个花苞以上，枝长80cm以上，花型大，茎秆强健，无病害	3个花苞，枝长60~80cm，花型较大，茎秆强健	1~2个花苞，枝长60cm以下
西伯利亚：白系，纯白色，花型大，花苞为11.5~12.9cm，茎秆强健，无焦叶现象，瓶插期长，中生品种	4个以上花苞，枝长70cm以上，茎秆强健，无病害，花型特大	3个花苞，枝长60~70cm，茎秆较强健，花苞较大	1~2个花苞，枝长60cm以下

（续）

品种	一级	二级	三级
将军：粉系，粉红色带深粉红点，花型大，花苞为 11.5～12.9cm，茎秆强健，无焦叶现象，瓶插期长	4 个花苞以上，枝长 70cm 以上，花苞大，茎秆强健，无病害	3 个花苞，枝长 60～70cm，茎秆强健，花苞较大	1～2 个花苞，枝长 60cm 以下，花苞一般，枝秆一般
贝尔坎多：粉系，浅粉红带粉红点，花型大，花苞约 12.9cm 或以上，茎秆强健，无焦叶现象，瓶插期长	4 个花苞以上，枝长 70cm 以上，茎秆强健，花苞大，无病害	3 个花苞，枝长 60～70cm，茎秆较强健，花苞较大	1～2 个花苞，枝长 60cm 以下
苏美丽：粉系，粉色带深粉点，花型大，花苞为 11.5～12.9cm，茎秆强健，稍有焦叶现象，瓶插期长	4 个花苞以上，枝长 70cm 以上，茎秆强健，花苞大，无病害	3 个花苞，枝长 60～70cm，茎秆较强健，花苞较大	1～2 个花苞，枝长 60cm 以下
芭芭拉：粉系，粉色，花型特大，花苞 13cm 或以上，茎秆强健，稍有焦叶现象，瓶插期长	3 个花苞，枝长 60cm 以上，茎秆强健，无病害	2 个花苞，枝长 50～60cm，稍有焦叶现象，茎秆强健	1 个花苞，枝长 50cm 以下，有焦叶现象

知识加油站

世界四大切花

月季、菊花、康乃馨、唐菖蒲被称为世界四大切花。

月季以绚丽的色彩、硕大的花朵、千姿百态的花型，以及香味吸引着众人。色彩有粉红、红、黄、橙、紫、白、复色七大类，色相种类数不胜数，品种多达万种，居世界花坛之首，所以有"花中皇后"美称，如图 1-34 所示。

菊花是世界上最大众化的切花，有寒菊、夏菊、国庆菊、秋菊等。菊花以花色鲜艳、光泽好、花型多姿、花瓣不脱落、水养观赏期长为特点，常将其瓶插清供于案头，如图 1-35 所示。

图 1-34　月季

图 1-35　菊花

　　康乃馨又名香石竹、荷兰石竹，有香气，花瓣多皱折，花色丰富而鲜艳，开花时间长，装饰效果好、品位高。因此，在装饰花篮、花环、花束、胸花、头饰花、婚车等时，都广泛地应用康乃馨，如图1-36所示。

　　唐菖蒲又名菖兰、剑兰，多为夏秋开花的大花种，但通过栽培，也可在冬春供应市场。其花色鲜艳、多彩，穗状花序刚正大方，开花自花序基部逐渐向上，水养观赏期长，如图1-37所示。

图1-36　康乃馨

图1-37　唐菖蒲

八、评价反馈

本项目评价反馈见表1-9。

表1-9　切百合花评价反馈

考核要求	分值	自评 （20%）	组内互评 （20%）	教师评价 （30%）	企业评价 （30%）
制备苗床规范、标准	10				
掘母球方法正确、规范，不伤根	10				
分生方法正确，每株丛数大小适当，刀口平滑	15				
消毒	10				
浇水：分栽后浇足水，表面无坑	20				
病虫害防治	10				
采收	10				
分级	5				
文明操作，注意安全，工具使用正确	10				
合计	100				

课外拓展

一、百合繁殖新技术

1. 播种繁殖

利用百合成熟的种子播种，可在短期内获得大量的百合子球，供鳞茎生产和鲜切花培育用。适于播种繁殖的百合种类有：野百合、麝香百合、二倍体卷丹等。播种用土可用 2 份肥土、2 份粗沙和 1 份泥炭配制，同时加入少量的磷肥。子叶出土类百合播种时间以 3~4 月为好，覆土厚度为 1~2cm，部分品种 6 个月后即可开花，王百合、湖北百合等要到次年才能开花。子叶留土发芽的种类，如药百合等，以秋播为好，至 11 月即可抽出胚根，次年 2~3 月便可出土第一片真叶，3~4 年后方能开花。

2. 茎生子球繁殖

对不易获得种子的百合种类，可用其茎生子球繁殖。即利用植株地上茎基部及埋于土中茎节处长出的鳞茎进行繁殖。先适当深埋母球，待地上茎端出现花蕾时，及早除蕾，促进子球增多变大；也可在植株开花后，将地上茎切成小段，平埋于湿沙中，露出叶片，约经月余，在叶腋处也能长出子球。一般 10 月份收取子球栽种，行距 25cm、株距 6~7cm，覆盖火烧土 4~5cm，覆草保湿，次年即可生长重为 40~50g 的商品种球，通常 1 公顷（1 公顷＝10000m^2）地生产的子球可供 2~3 公顷大田栽种。

3. 株芽繁殖

叶腋能产生株芽的百合种类，如卷丹及其他杂交百合等，可用株芽繁殖。株芽的大小与品种与母株的营养状况有关，大的株芽直径只有 0.2~0.3cm。待株芽在茎上生长成熟，略显紫色，手一触即落时，采收株芽，将其播种于沙土中，覆土以刚能掩没株芽为准，搭棚遮阴，保持湿润，只喷水不浇水，1~2 周即可生根，20~30 天出苗，出苗一周后即可将其移栽于苗床上，日常注意遮阴，冬季以保持床土不结冰为准，次年即可长成能开花的商品种球。对不能形成株芽的品种，可切取其带单节或双节的茎段，带叶扦插，也能诱导叶腋处长出株芽。

二、兰花分株

1. 磕盆

将养植多年的春兰奇草从花盆中倒出，并将盆土轻轻敲碎，如图 1-38 所示。

图 1-38　磕掉盆土的春兰

2. 工具准备

准备医用手术剪、手术刀、消毒用酒精灯，将剪刀用酒精灯消毒，如图 1-39 所示。

3. 查看

仔细看清苗结构，寻找最佳分株点，如图 1-40 所示。

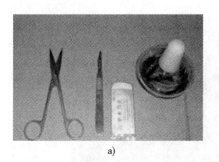

a)   b)

图1-39   分株工具及消毒
a）分株工具   b）剪刀消毒

图1-40   查看分株点

4. 理根

选好分株点后，先梳理根系，将交错纠缠生长的根分开，注意要细心缓慢，减少断根，如图1-41所示。

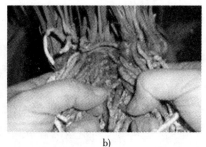

a)   b)

图1-41   整理根系
a）梳理根系   b）分开交错纠缠根系

5. 扭转

双手握根，轻轻扭转，寻找连接点，不要粗鲁地用手掰芦头，以免损伤新芽和叶子，如图1-42所示。

图1-42 寻找连接点

6. 分株

看准位置，果断下剪，如图1-43所示。注意：每下一次剪刀，肯定有兰株分离了，在没有看到一分为二之前，千万不要动第二剪，草率下剪的结果是把兰株分得支离破碎。

a)

b)

图1-43 分株
a）找准位置 b）剪开

7. 修剪

剪去烂根、断裂根和枯黄的叶片，如图1-44所示。

8. 冲洗

用流动的水冲洗干净，如图1-45所示。

9. 再分

对需要细分的兰株，要再次寻找合适的连接点，一般每株3~4苗，这样损伤少，容易复壮。用手术刀仔细地切开连接点，这样伤口小，容易愈合，如图1-46所示。注意：手术刀片要每盆一换，预防病毒传播。

图1-44 剪去烂根和断裂根

10. 消毒

所有分开的伤口，都用杀菌药物处理，如使用"白托"原药粉直接涂抹伤口，可有效防止夏季茎腐的发生，如图1-47所示。

a)　　　　　　　　　　　　b)

图 1-45　冲洗

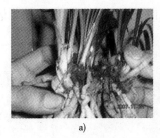

a)　　　　　　　　　　b)　　　　　　　　　　c)

图 1-46　再分

a）寻找连接点　b）分割　c）整理

a)　　　　　　　　　　　　b)

图 1-47　消毒

a）消毒准备　b）涂抹

11. 后期养护

兰株分开后，应晾 1 天，待根系变软，伤口微缩后再上盆，如图 1-48 所示。注意：上盆 3 天内不要浇水，有利于伤口愈合，防止分盆引起的病患。

图 1-48　后期养护

项目二 切花菊种苗生产

　　菊花在日常生活中应用十分广泛，如图 1-49 所示。与其他鲜切花产品不同，切花菊的种苗供应不仅仅是依托于种苗生产企业，企业插穗自繁的种苗也曾经是市场主流。近年来，随着产业化分工越来越精细，菊苗生产也呈现出专业化的特点，目前国内 50% 的切花菊种苗由专业化菊苗生产企业提供，剩余的仍是农户或企业自繁，2011 年国内切花菊种苗生产总量约为 3.5 亿株，其中 1 亿多株出口日本、韩国市场，近 2 亿株国内销售。

图 1-49　菊花在生活中的应用
a）菊花造景　b）菊花花艺　c）菊花花束　d）菊花花篮

任务一 认识切花菊

 **任务描述**

要生产切花菊，首先要认识切花菊，了解市场需求和发展方向，其次要明确切花菊的生态习性，做好生产资料准备。

一、了解切花菊市场需求及效益分析

1. 了解切花菊市场需求及发展方向

世界花卉业以年平均25%的速度增长，远远超过世界经济增长的平均速度，是世界上最具活力的产业之一。日本是世界上切花菊生产大国，占世界切花菊产量的50%以上，日本也是切花菊消费大国，平均每天消费300万～400万枝。但因劳动力成本较高、土地资源缺乏、冬天温度较低，日本国内菊花生产量远远不能满足需求，菊花的生产逐渐向气候适合、生产成本较低的发展中国家转移。世界花卉的稳步增长及产业转移，为我国花卉业进一步发展创造了良好的外部环境。

我国不仅是世界最大的花卉生产基地，同时也正在成为新兴的花卉消费市场。随着人们生活水平的提高，花卉正受到越来越多的青睐，赏花、养花、食花已成为许多人的爱好。我国已进入"工业反哺农业"的阶段，农业无税时代已经到来，这必将更大地调动各方面积极性，吸引更多的资金、人才、技术投入到花卉事业中来，更加有效地激发产业发展活力。我国的花卉产业地位在不断提升，而菊花已发展成为国际商品花卉总产值中最高的花种，其经济效益、社会效益和生态效益必将明显显现，在优化农业产业结构、促进城乡统筹发展、建设社会主义新农村和改善人民生活环境、提高人民生活质量等方面必将发挥出越来越重要的作用。

切花菊是世界四大切花之一，产量居四大切花之首，具有花型多样、色彩丰富（图1-50）、用途广泛、耐运耐贮、瓶插寿命长、繁殖栽培容易、能周年供应、成本低、高产出等优点，综合国内外发展环境和其本身特点，切花菊产业必将有广阔的发展前景。

2. 了解切花菊利润空间

经过市场调研，切花菊亩产量2.4万枝，生产成本1元/枝，出口销售2～2.5元/支，年可以生产2.8茬。

图1-50 切花菊形态及色彩

马上行动

我们以一个人可以管理1.5亩大棚计算，如出口率达到80%，看看生产切花菊利润空间有多大？

定植数量：1.5亩×2.4万枝/亩＝3.6万

生产成本：1元/枝×3.6万枝×2.8茬/年≈10.1万

出口收入：3.6万枝×80%×2～2.5元/枝×2.8茬/年≈16.1万元～20.2万元

纯利润：（16.1万元～20.2万元）－10.1万元＝6万元～10.1万元

随着生产水平的提高，切花菊出口率不断提高，如果出口率达到90%，你来算一算一人管理1.5亩大棚，利润有多少呢？

_____

_____

_____

_____

_____

_____

_____

二、了解切花菊生态习性

1. 切花菊基本概况

菊花属于菊科，菊属多年生宿根花卉。菊花是我国传统名花之一，因其花色丰富，清丽高雅而深受世界各国的喜爱。在国际市场上，切花菊的销售总量占切花总量的30%，与香石竹、切花月季、唐菖蒲合称四大切花。

目前国内种植出口切花菊的主要品种是：单头白菊（图1-51），其中以神马（秋菊）、优香（夏菊）为主；黄色单头菊（图1-52），其中以虹之华、韩国黄、广东黄等为主。

图1-51　单头白菊

图1-52　黄色单头菊

2. 切花菊生态习性及生物学特性

1）菊花属于浅根性作物，要求土壤通透性和排水性良好（沙壤土为宜），且具有较好的持肥保水能力以及少有病虫侵染。

2）需水偏多，但忌积涝。

3）土壤 pH 值适宜范围为 6.3 ~ 7.8，以弱酸性为最好。

4）喜阳光，有的品种对日照特别敏感。

5）喜温暖也能耐寒，生长适宜温度为 15 ~ 25℃，较耐低温，10℃以上可以继续生长，5℃左右生长缓慢，低于 0℃易受冻害（地上部分），根系可耐零下 5 ~ 10℃。

马上行动

请查阅相关资料，了解适宜在本地区种植的切花菊品种，并调查其生态习性，填写表 1-10。

表 1-10　调查切花菊的生态习性及生物学特性

适宜本地区种植的品种	生态习性及生物学特性

任务二　做好切花菊的生产准备

 任务描述

要完成切花菊的生产，首先要明确生产的方法和技术要求，并做好生产的准备。

切花菊种苗生产主要采用扦插的方式。

一、扦插繁殖的概念

扦插繁殖是指剪取花木的根、茎、叶的一部分，插入不同基质中，使之生根发芽成为独立植株的方法。扦插繁殖是目前无性繁殖最常用的方法。剪取的茎、叶、根等用作扦插材料的部分称为插穗或插条。

二、扦插繁殖的特点

1）材料来源广，成本低，成苗快，简便易行。

2）保持品种的优良形状，使个体提早开花。

3）根系较差，寿命比实生苗短，抗性不如嫁接苗强。

三、扦插生根机理

植物细胞具有全能性，即每个细胞都具有相同的遗传物质，它们在适当的环境条件下均具有潜在的形成相同植株的能力。此外，植物体营养器官具有再生能力，可产生不定芽和不定根，从而形成新植株。

四、影响扦插成活的因素

植株的插穗能否生根及生根快慢，同植株本身及插穗条件有很大关系，同时也受外界环境条件影响。

1. 内部因素

影响植物扦插成活的主要因素是植物本身的遗传特性。除此之外，母株采穗枝年龄、母株的着生位置及营养状况、不同枝段插穗也都会影响扦插成活率。

（1）植物本身的遗传特性　根据生根的难易可将花木分成三类：

1）易生根类。木本的如杨、柳、悬铃木、大叶黄杨、榕树、石榴、橡皮树、巴西铁、富贵竹等，草本的如菊花、大丽花、万寿菊、矮牵牛、香石竹、秋海棠等。

2）较难生根类。能生根但速度慢，对技术和管理要求较高，木本的如山茶、桂花、雪松、槭类、南天竹、龙柏等，草本的如芍药、补血草等。

3）极难生根类。一般不能扦插繁殖，如木本的桃、腊梅、松类、栎类、香樟、海棠、鹅掌楸等，草本的如鸡冠、紫罗兰、矢车菊、虞美人、百合、美人蕉及大部分单子叶花卉。

（2）母株采穗枝年龄　插穗的生根能力常随母株年龄的增加而降低。幼年母株细胞的分生能力强，从上面采下的插穗易生根。同理，一般枝龄小的 1～2 年生枝生根比多年生枝容易，半木质化枝比木质化易生根，当然采穗因母枝的枝龄及枝条的成熟度而有所不同，所以应视种类、扦插时期及方法等具体而定。一些易生根的树种，如杨、柳、夹竹桃等也可用多年生枝扦插，生长期则多选用当年生半木质化枝条。

> 栽培小知识
> 母本幼龄化或采集幼龄母本的枝条作插穗是提高扦插生根率的一项技术措施

（3）母株的着生位置及营养状况　一般树冠阳面的枝条比树冠阴面的枝条好，侧枝比顶梢枝好，基部前生枝比上部冠梢枝好（生长健壮，营养物质丰富，组织充实，年龄又轻）。

（4）不同枝段插穗　同一母枝上一般以基部和中部为好。一些树种如紫荆、海棠类在硬枝扦插时通过带踵、锤形插等可有效提高生根率。

此外扦插的长度、粗度、生长期、扦插的留叶量、插穗内部的抑制物质等对生根都有一定的影响。

1）插穗长度：木本一般 10～15cm，草本为 6～10cm。

2）留叶：硬枝扦插不带叶，嫩枝扦插一定要留叶。

马上行动

比较以下枝条再生能力强弱（扦插成活率高低）。
1）幼龄植株上采集的枝条、成年植株上采集的枝条。
2）一年生枝条、二年生枝条、多年生枝条。
3）未结果枝条、已结果枝条。

2. **外部因素**

（1）温度　多数花木适宜温度为 15～25℃。原产热带的种类如茉莉、米兰、橡皮树、龙血树、朱蕉等宜在 25℃以上，而桂花、山茶、杜鹃、夹竹桃等适合在 15～25℃的范围内，杨柳等则可更低一些。一般生长期嫩枝插比休眠期硬枝插要求温度高，适宜在 25℃左右。基质温度高于气温 3～5℃对生根有利。在气温低于生长适温，而基质温度稍高的情况下最为有利。现生产上常在基质下部铺设电热丝加温来提高基质温度。

（2）湿度　空气湿度和基质湿度在内的水分供应也是扦插生根成活的关键。首先空气湿度应高，以最大限度地减少插穗的水分蒸腾，与此同时基质湿度又要适度，既保证生根所需湿度，又不能因水分过多使基部缺氧腐烂。空气湿度应保持在 80%～90%；扦插基质的含水量一般应保持在 50%～60%。目前生产上用密闭扦插床和间歇喷雾插床，可较好地解决空气湿度和基质湿度的矛盾。密闭扦插床是通过薄膜对扦插床密闭保湿，提高空气湿度，同时结合遮阴设施及适当通风来调节温度的方法。而采用全日照电子叶自动控制间歇喷雾，可使空气湿度基本饱和，叶面蒸腾降至最低，同时叶面温度下降，又不至于使基质温度过高，且在全日照下叶片形成的生长素能运输至基部，诱使发展，在光合作用下，较好地生产营养物质供应插穗生根，尤其适合于生长期的带叶嫩枝扦插。当然随着插穗开始逐渐生根，也应及时调整湿度，同时结合遮阴设施及适当通风来调节温度，提高扦插成活率。

（3）光照　光照对扦插的作用有两个方面：一方面适度的光照可提高基质和空气温度，同时促使生长素形成诱导生根并可促进光合作用积累养分加快生根；另一方面光照会使插穗温度过高，水分蒸腾加快而导致萎蔫。因此在扦插期，尤其在扦插的初期应适当遮阴降温，减少水分散失，并通过喷水等来降温增湿。但随着根系生长，也应使插穗逐渐延长见光时间，此外如能用间歇喷雾可在全日照下进行扦插。

（4）空气　适当通风。

（5）生根激素　生根激素主要有萘乙酸、吲哚丁酸、2,4-D 等，以吲哚丁酸效果最好。生根激素的使用方法有水剂和粉剂两种，但促根剂的运用需在一定浓度范围内，过高反而会抑制生根。此外，处理浓度也因处理时间和植物种类不同而异。一般快蘸浓度高，长时间浸渍浓度低，木本浓度高，草本浓度低。

（6）基质　由于插条在生根前不能吸收养分，因此扦插基质不一定需要有丰富的养分，而应具有保温保湿、疏松透气、不含病虫源、质地轻及成本低等特点。生产中常用的主要有珍珠岩、蛭石、泥炭、炉渣、砂等，很多情况下是以不同比例组成混合物使用，混合比例可根据植物种类而定。

 知识加油站

（1）园土　即普通的田间壤土，经过曝晒、敲松、耙细后即可待用，如一般菊扦插的露地插床，多用这种园土。

（2）扦插培养土　在园土内混以河砂、泥炭、草木灰等，使之疏松，有利排水和插穗的插入，如香石竹、象牙红的扦插多用这种混合土。

（3）河砂　中等粗细，这是一种优良的扦插介质，它排水良好、透气性好，如供水均匀，则易于生根。由于砂内无营养物质，生根后应立即移植。一般温室都备有砂床，可供一般温室植物随时扦插用。

（4）腐殖质土　一般腐殖质土都为微酸性，通常用山泥做成插床，扦插喜酸植物，如山茶、杜鹃等。

（5）蛭石或珍珠岩　常和泥炭混合作为扦插基质，效果良好。

五、扦插方法与时期

1. 扦插的时期

依花卉种类、品种、气候及管理方法的不同可分为：

（1）休眠期扦插　即一些落叶花木的硬枝扦插。在秋冬季进入休眠以后，春发之前的 11 月或 2、3 月均可进行。如月季、海仙花等。

（2）生长期扦插　即一些木本花卉、温室花卉或草本花卉的嫩枝扦插，也称软枝扦插。

（3）全年均可扦插　扦插可在蔽阴、全光照、不间歇或间歇喷雾下进行，如菊花、四季海棠等。

2. 扦插的方法

根据繁殖材料使用的器官不同，植物扦插可分为枝插、叶插、芽插、根插四大类。各类中的每一类，还可以从取材的部位、取材的多少、材料的成熟度、扦插取材的季节等，再进行更细致的分类。

（1）枝插　根据所用插条的木质化程度不同又可分为硬枝扦插、软枝扦插和嫩枝扦插三类，如图 1-53 所示。

1）硬枝扦插（休眠期扦插）。用已经木质化的茎进行扦插，选择生长充实且没有病虫危害的一、二年生枝条木质化枝条作插穗，一般多在植株休眠后的秋末冬初进行，也可在早春萌芽前和土壤解冻后进行，视植物种类及各地区气候条件而定。一般北方冬

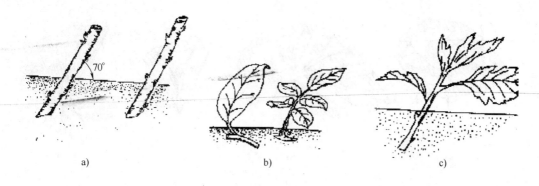

图 1-53 枝插繁殖

a）硬枝扦插 b）软枝扦插 c）嫩枝扦插

季寒冷干旱地区宜秋季采穗贮藏后春插，而南方温暖湿润地区宜秋插。抗寒性强的可早插，反之宜迟插。剪取枝条中段有饱满芽的部分，剪成 10～20cm 的小段，每穗应有至少 2～3 个芽，上剪口应离顶芽上方 1cm 左右剪成平口，以保护顶芽不致失水干枯，下剪口在基部芽下方 0.1～0.3cm 位置。因为靠近节的部位形成层活跃，养分容易集中，因此有利于形成愈合组织，进而生出新根。下剪口可剪成平口或斜口，两者各有利弊，斜口虽与基质接触面大，吸水多，易成活，但易形成偏根，而相对而言平口生根稍慢些，但生根分布均匀。木本花木通常都用硬枝扦插。插条插入基质深度也影响成活，插入过深因地温低不利生根，过浅易失水过多而干枯，一般插入插穗长度的 1/3～1/2，干旱地区深，湿润地区浅。

2）软枝扦插（绿枝扦插、生长期扦插）。软枝扦插，即在生长期用半木质化的枝条作插穗的扦插方法。选取腋芽饱满、叶片发育正常、无病虫害的枝条，剪法同硬枝插，枝条上部保留 2～4 枚叶片，以便在光合作用中制造营养促进生根。插条插入前先用相当粗细的木棒插一孔洞，避免插穗基部插入时撕裂皮层，插入插穗的 1/2～2/3，保留叶片的 1/2，喷水压实。绿枝插的花卉有月季、大叶黄杨、小叶黄杨、女贞、桂花等。

对于仙人掌与多肉多浆植物，剪枝后应放在通风处干燥几天，待伤口稍有愈合状再扦插，否则易引起腐烂。

3）嫩枝扦插（生长期）。生长期采用枝条顶端嫩枝作插穗的扦插方法。大部分草本花卉和部分木本花木，只要生长健壮，剪取 6～12cm，带少量叶片即可，由于具有顶端优势，因而容易发根成活。

（2）叶插 叶插是用叶片或叶柄作插穗的方法，如图 1-54 所示。

1）叶片插。叶片插用于叶面发达、切伤后易生根的花卉，如秋海棠、虎尾兰、落地生根、百合等。

2）叶柄插。叶柄插用于叶柄易发根的花卉，如橡皮树、豆瓣绿、大岩桐、非洲紫罗兰、珠兰等。

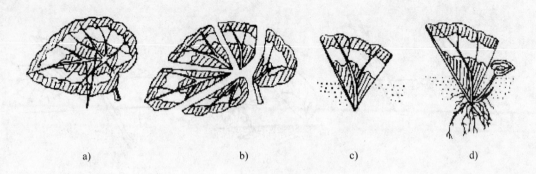

图 1-54　蟆叶秋海棠叶插繁殖
a）刻伤　b）分离　c）扦插　d）成活

（3）芽插　芽插，就是取 2cm 长、枝上有较成熟的芽（带叶片）的枝条作插穗，芽的对面略削去皮层，将插穗的枝条露出基质面，可在茎部表皮破损处愈合生根，腋芽萌发成为新植株。此法可节约插穗，生根也较快，但管理要求较高，尤应防止水分过度蒸发。常用芽插的种类有山茶、杜鹃、桂花、橡皮树、栀子、柑橘类、菊花、大丽花、宿根福禄考、天竺葵等。

（4）根插　根插适用于带根芽的肉质根花卉。结合分株将 0.5～1.5cm 粗的根剪成5～10cm 1 段，如图 1-55 所示。北方宜春插（秋季采根后可埋土保存）全部埋入插床基质或顶梢露出土面，南方可随挖随插，注意上下方向不可颠倒，插后应立即灌水，并保持基质湿润。

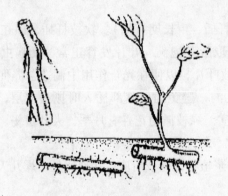

图 1-55　根插繁殖

六、扦插后的管理要点

1. 土温高于气温

北方的硬枝插和根插要搭盖小拱棚，防止冻害；调节土壤墒情提高土温，促进插穗基部愈伤组织的形成；土温高于气温 3～5℃最适宜。

2. 保持较高的空气湿度

扦插初期，枝插和叶插的插穗无根，靠自身平衡水分，需 90% 的相对空气湿度。气温上升后，及时遮阳防止插穗蒸发失水，影响成活。

3. 由弱到强的光照

扦插后，逐渐增加光照，加强叶片的光合作用，尽快产生愈伤组织而生根。

4. 及时通风透气

随着根的发生，应及时通风透气，以增加根部的氧气，促进生根快、生根多。

马上行动

1. 填空题

1）插穗在生根以前，要保持插穗体内的水分平衡，插床环境要保持较高的空气湿度。一般插床基质含水量控制在（　　　），插床周围空气相对湿度应在（　　　）。

2）合理使用生根激素促进剂，可有效地促进插穗早生根、多生根。常见的生根促进剂有（　　）、（　　）、（　　）等。

3）扦插用的介质通常有（　　）、（　　）、（　　）、（　　）、（　　）等。

2. 判断题

1）能叶插的花卉，多具有粗壮的叶柄、叶脉或肥厚之叶片。　　　　（　　　）

2）橡皮树、菊花和月季都可以用叶芽进行扦插繁殖。　　　　　　　（　　　）

3）扦插繁殖时基质的含水量越高越有利于生根。　　　　　　　　　（　　　）

4）插穗长而粗的比短而细的含养分及水分多，有利于生根。因而，扦插时选用的插穗越长越粗越好。　　　　　　　　　　　　　　　　　　　（　　　）

5）插穗上的叶可以进行光合作用，因此扦插时插穗的叶片保留越多越有利于生根。　　　　　　　　　　　　　　　　　　　　　　　　　　　（　　　）

6）植物的根茎叶都可以作为扦插的材料。　　　　　　　　　　　　（　　　）

7）草本花卉的扦插繁殖大多数在生长季节进行。　　　　　　　　　（　　　）

8）砂、蛭石和珍珠岩透气性和保水性好，常用作扦插基质。　　　　（　　　）

3. 简答题

扦插成活的原理是什么？

任务三　切花菊扦插及后期管理

任务描述

进行切花菊扦插繁殖，要铺设好苗床，完成制备插穗、生根处理、扦插、肥水管理及病虫害防治等工作，才能确保切花百合的质量。

扦插育苗是花卉生产中用得较多的育苗方法之一，很多花卉可以采用扦插进行繁殖，如月季、菊花等。本任务是完成切花菊的扦插繁殖，对扦插苗进行管理。

切花菊主要采用嫩枝扦插法进行繁殖，流程如图1-56所示。

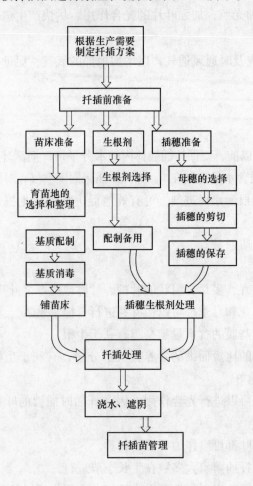

图1-56　切花菊生产流程

一、苗床准备

1. 育苗地的选择与苗床的制作

（1）育苗床地块选择　育苗应选择在日光温室内进行。

 知识加油站

　　日光温室：是节能日光温室的简称，又称暖棚，是我国北方地区独有的一种温室类型。日光温室内部如图1-57所示。

　　智能温室：也称为自动化温室，是指配备了由计算机控制的可移动天窗、遮阳系统、保温、湿窗帘/风扇降温系统、喷滴灌系统或滴灌系统、移动苗床等自动化设施，基于农业温室环境的高科技"智能"温室，内部如图1-58所示。

图 1-57　日光温室内部

图 1-58　智能化温室内部

（2）整理制作苗床　打扫棚内地面，把植株残根、残叶等清除出去后制作苗床。

想一想，这样做的目的是什么？

1）工具　笤帚、耙子。

2）操作步骤

① 用耙子或其他类似工具，将原日光温室内的植物残根、残叶等清除或焚烧。

② 用砖砌成或木板隔起宽度为 90cm、深度为 15～20cm、过道宽为 20～25cm 的育苗床，如图 1-59 所示。

③ 将床底耙平。

2. 基质的配制与消毒

图 1-59　育苗床

北京地区常用于切花菊扦插基质，需要注意以下几点：
1）清水河砂，河砂不能太细，太细会导致透水性不好，也不能太粗，否则保水性差，一般选择直径为 1～2mm 的清水河砂为宜。
2）珍珠岩与蛭石 1∶1 的混合基质。
3）园土∶泥炭土∶蛭石＝4∶4∶2，为混合基质，使用前一定要消毒（多菌灵+敌克松）。

（1）营养土配制

1）材料：园土、泥炭土、蛭石。

2）工具：铁锹。

3）操作步骤：

① 按照标准比例准备好基质。

② 将三种基质混合，并用铁锹充分拌匀。

 知识加油站

常用栽培基质简介

河砂透气性强，不同粒径的河砂保水、保肥能力不同，具有不生虫、不污染环境等特点，是扦插繁殖的理想基质，如图1-60所示。

珍珠岩是一种含结晶水的酸性硅质火山玻璃熔岩，具有无菌、质轻、透气、不会释放盐分的特点，与泥炭、水苔等混合使用，可增强基质的排水、透气性，如图1-61所示。

图1-60　河砂

图1-61　珍珠岩

（2）营养土消毒

1）材料：混合均匀的营养土、多菌灵。

2）工具：铁锹。

3）操作步骤：

① 将多菌灵液均匀洒于营养土中。

② 用铁锹进一步翻拌均匀。

③ 用塑料薄膜覆盖，使药效充分发挥。

④ 掀开塑料薄膜，晾晒。

（3）铺苗床

1）材料：消毒后的营养土、塑料薄膜。

2）工具：铁锹。

3）操作步骤：

① 床底部铺一层旧塑料布。

② 在深度15~20cm的苗床内，填充10~15cm的扦插基质。

③ 用板条刮平，床土厚度要一致，苗床表面要细、平、光滑。

二、生根剂准备

1. 选择生根剂

生根剂是属于植物生长调节剂促进剂类的生长素类化合物，在花卉生产应用中有吲哚乙酸、吲哚丁酸、萘乙酸，br 生根剂，复硝酚钠等多个成分，其作用是在植物体内维持植物的顶端优势，诱导同化产物向产品（果实）运输，促进植物生根等。

目前市面上的生根剂主要分为以下三大类：常见的生根壮苗剂（吲哚乙酸、萘乙酸钠等单类化合物或者按照科学配比的上述几种化合物的混合物）、生物菌与生根剂混配的复合型生根剂（ABT 生物菌生根粉）、营养元素与生长促进剂类物质复配的生根剂类（根块膨、芳润根佳等）。

吲哚乙酸（IAA）是一种促生根类的植物生长调节剂。诱导作物形成不定根，经由叶面喷洒，蘸根等方式，由叶片种子等部位传到进入植物体，并集中在生长点部位，促进细胞分裂，诱导形成不定根，表现为根多，根直，根粗，根毛多，如图 1-62 所示。

ABT 生物菌生根粉是通过强化、调控植物内源激素的含量、重要酶的活性，促进生物分子的合成，诱导植物不定根或不定芽的形态建成，调节植物代谢作用强度，达到提高育苗造林成活率及林木生长量的目的，如图 1-63 所示。

根块膨是集营养、调节、抑菌、解毒等四大功效于一体的新型功能性营养调节产品，是地下块根、块茎类花卉专用杀菌诱导增产药品，可提

图 1-62　吲哚乙酸

高种子及块根地下活力，促进块根的发育，提高块根块茎类的营养集结，并能增强地下作物的抗病、抗旱、抗涝等抗逆能力，如图 1-64 所示。

图 1-63　ABT 生物菌生根粉

图 1-64　根块膨

马上行动

查阅资料，列举常见的生根剂及形态特征、使用效果等，填写表1-11。

表1-11　常见的生根剂

生根剂种类	形态特征	使用效果

2. 制备生根剂

（1）材料　ABT_2号生根粉、酒精。

（2）工具　烧杯、天平、玻璃棒、容量瓶。

（3）操作步骤

1）用百分之一电子天平称取 0.1gABT_2号生根粉。

2）将 0.1gABT_2号生根粉放入烧杯然后加 10mL 酒精，用玻璃棒搅拌溶解。

3）在 1L 容量瓶中加入 1/3 清水，将溶解后的 ABT_2 号生根药剂倒入，加水定容。

 知识加油站

百分之一电子天平（图 1-65）操作步骤为：

（1）调水平　天平开机前，应观察天平后部水平仪内的水泡是否位于圆环的中央，否则通过天平的地脚螺栓调节，左旋升高，右旋下降。

（2）预热　天平在初次接通电源或长时间断电后开机时，至少需要 30min 的预热时间。因此，实验室电子天平在通常情况下，不要经常切断电源。

（3）称量　按下 ON/OFF 键，接通显示器；等待仪器自检，当显示器显示零时，自检过程结束，天平可进行称量；放置称量纸，按显示屏两侧的〈Tare〉键去皮，待显示器显示零时，在称量纸上加所要称量的试剂称量；称量完毕，按〈ON/OFF〉键，关断显示器。

图 1-65　电子天平

3. 制备插穗

（1）材料 切花菊母株、配制好的生根剂。

（2）工具 剪刀。

（3）操作步骤

1）选择母穗：育苗得先育母株，母株宜用组培苗。母株摘心 20 ~ 30 天后，可采插穗。

> 选用生长在阳光充足，发育健壮，节间短，无病强健的母本枝条上进行剪取。剪插穗的头一天及当天早晨，母本先浇水，使插穗含水充足，易于生根成活。

2）剪切插穗：在选择好的母株上，剪取长度为 6 ~ 8cm 的嫩梢部插条，插穗保证 3 ~ 4 节，长度保持一致，如图 1-66 所示。

3）处理插穗：去掉下部 1 ~ 2 节上的叶片，上部带两个腋芽，叶子剪去一半，如图 1-67 所示。

4）保存插穗：为了实现批量生产，将插穗放入衬有塑料薄膜的箱中或塑料袋中，而后放于 0 ~ 4℃处，可保存 1 ~ 2 周。

5）生根处理：整理好插穗后，将插穗的基部在上述配制的生根剂溶液中蘸 3 ~ 10s 后再扦插，促进生根。

图 1-66 剪切好的插穗

图 1-67 处理插穗

4. 扦插

（1）材料 制备好的插穗。

（2）工具 竹签。

（3）操作步骤

1）先用和插穗相当粗细的竹签依株行距为 3cm × 3cm、深度为 3cm 打插洞。

2）将插穗插入，深度为插穗的 1/2 ~ 1/3。叶片的方向以互不覆盖和不影响光合作用为宜。

3）插后用手压实基质表面，使插穗与营养土紧密结合。

5. 扦插后管理

（1）工具 喷壶、遮阴网。

（2）操作步骤

1）扦插完成后用喷壶从上方浇少量的水，使插穗与基质结合紧密，同时保证充足的水分。

2）苗床上搭60%～70%遮阴网遮光。

3）前7天应对插床进行全天遮阳处理。

4）7天后插穗已经长出愈伤组织，此时应撤掉遮阳网，只在中午阳光强烈时遮上，保证膜内温度在28℃以下。

5）到第12天，插穗根系已经长出，此时去掉塑料膜，浇水，次日喷洒杀菌、杀虫剂，炼苗3天，到第15天，扦插苗就生根完好，可以进行栽植了。

6. 苗期管理

扦插育苗期间，幼苗与环境的主要矛盾是幼苗生根以前下部吸收能力很弱，而上部仍需要水分、营养的供给，易造成枯萎。解决的方法就是采用适当的遮阴与供水，以降低温度，减少蒸发，调节幼苗对水分的需要。扦插后，如果有喷雾设备随即根据湿度自动喷雾，实施由多至少的喷雾管理。喷雾频度根据蒸发量的大小而自动变化，使叶面始终保持一层水膜。初步生根后调节蒸发量，以叶面不萎蔫为度。

切花菊扦插苗5天左右产生愈伤组织，10天左右生根，半个月后其根系已比较发达了。从扦插到使用大约需20天左右，生根后去掉遮阴网。

 知识加油站

菊花类鲜切花分级标准见表1-12。

表1-12　菊花类鲜切花分级标准

指标	一级	二级	三级
茎秆长度	在60cm以上，且茎长颈	50～60cm	50cm
瓣质	厚硬	较好	一般，新鲜度欠缺
节间	均匀	较均匀	较均匀
茎秆	粗壮挺拔	粗壮挺拔，允许存在较小的弯曲现象	有弯曲现象，但不严重
叶片	肉厚平展，鲜绿有光泽	平展	较平展
花瓣	成熟度一般，无物理损伤，无病虫害	有光泽，基本无病虫害	略有病害
花型	外形美观，且花型大	外形美观，花型较大	花型不大
色泽	正常本色	正常本色	花色基本正常，但无枯瓣

马上行动

你为本次切花菊生产做好了哪些准备工作呢？在操作中有哪些操作技巧呢？完成扦插任务后有什么收获和体会呢？

三、评价反馈

本项目评价反馈见表1-13。

表1-13 切花菊评价反馈

考核要求	分值	自评 (20%)	组内互评 (20%)	教师评价 (30%)	企业评价 (30%)
制备苗床规范、标准	10				
插穗制备熟练、符合标准	10				
生根剂选择适宜，配制合理	10				
扦插操作熟练，规范	20				
扦插后管理到位，扦插苗生根率高	20				
苗期管理到位，幼苗生长健壮	20				
文明操作，注意安全，工具使用正确	10				
合计	100				

课外拓展

菊花常见病害及其防治方法见表1-14。

表1-14 菊花常见病害及其防治方法

病害名称	症状	病因	防治
褐斑病	起初在茎基部叶片上呈现黄色斑点，逐渐转为褐色斑块，导致病叶干枯、脱落	病原菌借雨水、灌溉水浸染，6~8月高温多雨为发病高峰	清除病株；土壤消毒；注意通风；喷洒75%百菌清600~1000倍液、50%托布津500倍至1000倍液等，10~15天预防一次，发病后5~7天一次
锈病	起初叶片外表有黄色锈斑，逐渐变为褐色，叶背表皮有黄色粉末随风扩散	病原菌孢子从叶片气孔侵入组织，形成病斑，阴雨多湿季节易发病	清除病株；注意通风、透光；喷洒敌力脱1500倍或硫黄熏蒸，75%粉锈宁2000~3000倍液等
白粉病	植株幼叶、嫩茎、花蕾等部位呈现红色病斑，逐渐扩大，叶片扭曲变形，严重时死亡	病原菌随风雨传播，8~10月为多发季节；空气湿度大，通风不良，光照缺乏时易发病	注意通风、透光；清除病株；喷75%粉锈宁2000~3000倍液、50%退菌特1000~1500倍液、50%多菌灵800倍液

【种苗】生产

菊花罕见虫害及其防治方法见表1-15。

表1-15　菊花罕见虫害及其防治方法

害虫名称	虫体	害情	防治
蚜虫	成虫绿色或棕色，体长2～2.5mm，每年可繁殖20代左右	聚生于植株顶端叶片、芽或花蕾上，以刺吸口器吸食养分，导致叶片发黄、卷曲、干枯甚至脱落	一遍净、乐果、阿维菌素、蚜虱净等及各种除虫菊酯等农药防治
潜叶蝇	成虫体长2mm，整体呈暗灰色。幼虫长3mm左右，乳白色，后变成黄褐色，常在筒状叶里吸食	雌成虫以产卵器刺伤叶片，取食汁液，幼虫潜叶危害植物叶片，造成蛇形不规则的红色虫道。生长旺期严重	潜克1200～1500倍，海正三令1000倍，绿卡1000倍
斜纹夜蛾	成虫体暗褐色，前翅灰褐色，花纹多。内横线和外横线白色，呈波浪状，中间有明显的红色斜阔带纹，所以称斜纹夜蛾。幼虫头部黑褐色，胸部多变，土黄色到黑绿色均有	主要以幼虫为害全株、小龄时群集叶背啃食。3龄后分散为害叶片、嫩茎，老龄幼虫可蛀食果实。其食性既杂又危害各器官，老龄时形成暴食，一种危害性很大的害虫	辛硫磷800～1000倍；阿维菌素2000～3000倍
螨虫	成虫红色或棕红色，雌虫长0.4mm，雄虫更小。1年繁殖10～20代，借风力、流水传达	潜伏在叶片反面刺吸危害，植株生长后期较严重，发病初期叶片呈现小白点，后期叶片失色，直至干枯脱落	克螨特、三氯杀螨砜1500～2000倍喷杀

单元二　园林绿化植物种苗生产

学习内容概要

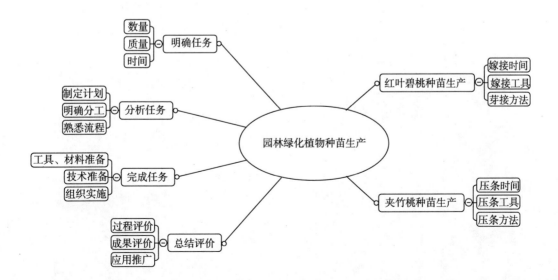

 预期成果

本单元的重点内容是以红叶碧桃、夹竹桃为例介绍园林绿化植物种苗生产，本单元结束后，你应获得如下预期成果：

➢ 碧桃种苗生产计划及项目总结报告。

➢ 夹竹桃种苗生产计划及项目总结报告。

➢ 碧桃嫁接苗 100 株（嫁接成活，生成愈伤组织）。

➢ 夹竹桃压条苗 100 株（生根）。

学前准备

➢ 专业刊物类：《中国盆景》、《花卉园艺》

➢ 网络连接：http：//www. ylstudy. com/（园林学习网）

                   http：//www. chla. com. cn/（中国风景园林网）

                   http：//www. co188. com/index _ yl. htm（网易园林）

项目三　碧桃种苗生产

碧桃花大色艳，开花时美丽漂亮（图 2-1、图 2-2），观赏期达 15 天之久，在园林绿化中被广泛用于湖滨、溪流、道路两侧和公园等，以及小型绿化工程，如庭院绿化点缀、私家花园等，也可用于盆栽观赏、切花和制作盆景。常见的还有垂枝碧桃、红叶碧桃、白花山碧桃，可列植、群植、孤植，如图 2-3 和图 2-4 所示。

图 2-1　碧桃单朵形态

图 2-2　碧桃整株造型

图 2-3　碧桃群植

图 2-4　碧桃孤植

任务一　认识碧桃

 任务描述

要进行碧桃的种苗生产，首先要认识碧桃，了解碧桃的形态特征和生物学特性，为后续的生产奠定基础。

一、碧桃

1. 形态学特性

碧桃是桃的一个变种，为蔷薇科李属。习惯上将属于观赏桃花类的半重瓣及重瓣品种统称为碧桃。碧桃为落叶小乔木，高可达8m，一般整形后控制在3~4m，花单生或两朵生于叶腋，重瓣，花期4~5月，花朵丰腴，色彩鲜艳丰富，花型多。小枝为红褐和褐绿双色，同一枝条上部着光面为红褐色，下部为褐绿色，无毛；叶椭圆状披针形，长7~15cm，先端渐尖。碧桃形态特征如图2-5所示。

图2-5　碧桃形态特征

2. 生态习性

碧桃喜光、耐旱、耐高温、耐寒，畏涝怕碱，喜排水良好的肥沃沙土壤。

3. 常见品种

（1）白碧桃　花径3cm，不能超至5cm，白色半重瓣，花瓣圆形，如图2-6所示。

（2）洒金碧桃　花径约4.5cm，半重瓣，花瓣长圆形，常呈卷缩状，在同一花枝上能开出两色花，多为白色，呈皱褶状。属矮化种，花小型，复瓣，枝条的节间极短，花芽密生，如图2-7所示。

图2-6　白碧桃

（3）垂枝碧桃　枝条柔软下垂，花重瓣，粉红，如图2-8所示。

图2-7　洒金碧桃

图2-8　垂枝碧桃

马上行动

查阅资料，写出你所知道的碧桃品种，并填写表 2-1。

表 2-1　碧桃品种、典型特征及繁殖方式调查

碧桃品种	典型特征	繁殖方式

二、红叶碧桃

红叶碧桃（图 2-9）是碧桃的一个变异品种，为蔷薇科落叶小乔木，性喜温暖向阳环境，适生温度为 15～30℃。喜肥沃而排水良好的土壤，不耐水湿，碱性土及黏重土均不适宜。它常采用嫁接繁殖。红叶碧桃不但花朵美丽，而且叶呈紫红色，可与西府海棠、丁香、白鹃梅、紫叶李配植，布置于庭院，是很好的观赏树种。

红叶碧桃三月份先花后叶，烂漫芳菲，妩媚可爱，是优良的观花树种。红叶碧桃在山坡、水畔、石旁、墙际、庭院、草坪边均宜栽植，也可盆栽、切花或作桩景。红叶碧桃因其着花繁密，栽培简易，故南北园林中皆多应用。

图 2-9　红叶碧桃

任务二　做好碧桃嫁接的生产准备

任务描述

要完成红叶碧桃嫁接苗的生产，首先要明确生产的方法和技术要求，并做好生产的准备。

嫁接是植物的人工营养繁殖方法之一，即把一种植物的枝或芽，嫁接到另一种植物的茎或根上，使接在一起的两个部分长成一个完整的植株。用于嫁接的枝条称接穗，嫁接的芽称接芽，被嫁接的植株称砧木，接活的苗称嫁接苗。嫁接时应当使接穗与砧木的

形成层紧密结合，以确保接穗成活。

一、嫁接成活的原理及影响因素

1. 嫁接成活的原理

嫁接成活的原理主要是依靠接穗与砧木结合部位的形成层薄壁细胞的再生能力，形成愈合组织，使接穗与砧木密切结合形成接合部，使接穗和砧木原来的输导组织相连接，并使两者的养分和水分上下沟通，形成新的植株。

2. 影响嫁接成活的因素

（1）植物内在因素

1）亲和力。一般情况下砧、穗亲缘关系越近，亲和力越强。

2）形成层细胞的再生能力。阶段发育年龄越小，再生能力越强。

3）生长时期。接穗在休眠期采集，在低温下储藏，翌年春天砧木树液回流后进行嫁接，嫁接后接穗处于休眠状态，芽不萌动，接穗内营养水分消耗少，砧木树液流动所含的营养和水分主要供应形成层细胞分裂，促进愈伤组织形成，成活率高。

（2）外界环境因素

1）温度：在一定的温度范围内（4~30℃），温度高比温度低愈合快。

2）湿度：空气相对湿度接近饱和，对愈合最为适宜。

3）空气：砧本与接穗之间接口处的薄壁细胞增殖、愈合，需要有充足的氧气。

4）光线：在黑暗条件下，接口处愈合组织生长多且嫩，颜色白，愈合效果好。

（3）嫁接技术水平

嫁接操作应牢记"齐、平、快、紧、净"五字要领。另外，嫁接刀必须锋利，保证切削砧、穗时不撕皮和不破损木质部，以提高效率。

1）齐。齐就是指砧木与接穗的形成层必须对齐。

2）平。平是指砧木与接穗的切面要平整光滑，最好一刀削成。

3）快。快是指操作的动作要迅速，尽量减少砧、穗切面失水，对含单宁较多的植物，可减少单宁被空气氧化的机会。

4）紧。紧是指砧木与接穗的切面必须紧密地结合在一起。

5）净。净是指砧、穗切面保持清洁，不要被泥土污染。

二、嫁接前的准备

1. 砧木的准备

（1）砧木的选择

1）砧木与接穗的亲和力要强。

2）砧木要能适应当地的气候条件与土壤条件，本身要生长健壮，根系发达，具有较强的抗逆性。

3）砧木繁殖方法要简便，易于成活，生长良好。砧木的规格要能够满足园林绿化对嫁接苗高度和粗度的要求。

（2）砧木的培育　砧木可通过播种和扦插等方法培育，生产中多以播种苗作砧木。

2. 接穗的准备

（1）接穗的采集　选择品质优良纯正，观赏价值或经济价值高，生长健壮，无病虫害的壮年期的优良植株作为采穗母本。

（2）接穗的贮藏　春季嫁接用的接穗，一般在休眠期结合冬季修剪将接穗采回，每100根捆成一捆，附上标签，标明树种或品种、采条日期、数量等，在适宜的低温下贮藏，这种方法称为沙藏。

3. 嫁接工具的准备

常见的嫁接工具如图2-10所示。

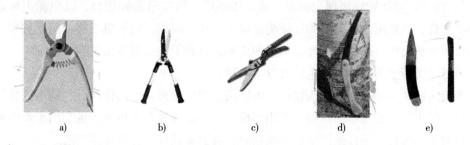

a)　　　　　　b)　　　　　　c)　　　　　　d)　　　　　　e)

图2-10　常见的嫁接工具

a)、b)、c) 修枝剪　d) 手锯　e) 嫁接刀

三、嫁接的方法

嫁接用于木本植物时，其嫁接时间大多选在"惊蛰"和"谷雨"季节、树木开始萌动而尚未发芽之际；用于草本植物时，则在生长季节中进行。

1. 枝接

（1）劈接　劈接是最常用的枝接方法，通常在砧木较粗和接穗较小时使用。根接、高接换头和子苗（芽苗砧）嫁接均可使用，如图2-11所示。

劈接既可用于果树花木，也用于草本花卉和瓜类蔬菜。在果树花木方面，它适用于直径为2~3cm砧木的枝接。现将果树花木的劈接方法步骤说明如下：

1）削接穗。将采来的接穗去掉梢头和基部叶芽不饱满的部分，截成5~6cm，生有2~3个饱满叶芽。然后在接穗下芽3cm左右处的两侧削成一个正楔形的斜面，削面长2~3cm。如果砧木较细只能插1个接穗时，则应削成偏楔形，即外侧稍厚，内侧稍薄。

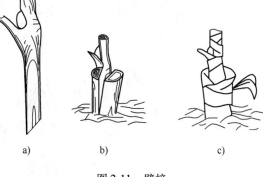

a)　　　　　b)　　　　　c)

图2-11　劈接

a) 削接穗　b) 插入砧木　c) 塑料条包扎

接穗削好后，应该用温布包裹，以防止水分蒸发。

2）劈砧木。在离地面2~3cm或与地面平处锯断砧木的树干，清除砧木周围的土、石块和杂草。砧木断面要用快刀削平滑。在断面上选择皮厚、纹理顺的地方做劈口。劈口应安排在断面中间或三分之二处，垂直向下深约 2~3cm。在砧木断面上劈口时，不要用力过猛，可将劈接刀放在要劈开的部位，轻轻敲打刀背，使劈接刀慢慢进入砧木中。

3）插接穗。用劈接刀楔部撬开切口，将接穗轻轻插入，并使接穗靠在砧木的一边，务必要使接穗和砧木的形成层对准。粗的砧木可以两边各插一个接穗，甚至将砧木劈成十字形，插入 4 个接穗。插接穗时，不要将削面全插进去，要露出 2~3mm 削面，这样做能使接穗和砧木的形成层接触面大，利于分生组织的形成和愈合。

接穗插入后，用马蔺叶或塑料条从上往下将接口绑紧。如果劈口夹得很紧就不需要再进行绑缚。

4）埋土。劈接后应该埋土保湿。插好接穗后，用接蜡盖好切口，以免泥土掉进切口影响愈合。然后用土将砧木和接穗全部埋土。埋的时候，砧木以下部位用手按实，接穗部分埋土稍松些，接穗上端埋土要更细更松，以利于接穗萌发出土。

由劈接法衍生的枝接方法主要有以下两种：

顶接法：又称峰接法、劈头接法，为劈接法的变化形式。操作时，在砧木的顶端劈开，然后插入削好的接穗。顶接法常用于松、柏、银杏等乔木树种，也常用于草本植物特别是菊花的嫁接。顶接法用于草本植物时，有去芽顶接法和留芽顶接法之分。

叉接法：也是劈接法的变化形式。其操作特点是劈开砧木茎部分叉处进行嫁接。松、柏、银杏等树种和瓜类等草本植物也常用叉接法进行嫁接。

（2）切接　切接是枝接中最常见的方法之一，通常在砧木粗度较细时使用。

（3）靠接　靠接主要用于培育一般嫁接难以成活的珍贵树种，要求砧木与接穗均为自养植株，且粗度相近，在嫁接前还应将两者移植到一起，如图 2-12 所示。

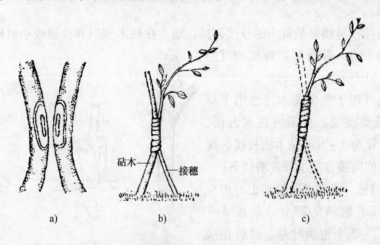

图 2-12　靠接
a）处理砧木和接穗　b）绑扎　c）剪去接穗下部和砧木上部

（4）插皮接　插皮接是枝接中最易掌握，成活率最高，应用也较广泛的一种嫁接方法，要求在砧木较粗，且皮层易剥离的情况下采用，如图 2-13 所示。用于木本植物时，可在生长季节树液流动时期进行（这与劈接法和切接法不同），嫁接的步骤如下：

1）削接穗。选取生有 2~4 个饱满芽的接穗。将其上端剪平后，在下端芽的下部背面，一刀削成约3cm长的平滑大斜面，并在削面两侧轻轻各削一刀，削去一丝皮层，露出里面的形成层。然后在大切面下端背面，再削约0.6cm长的小斜面，用湿布包好备用。

2）砧木开口。在砧木离地面1~2cm处将砧木剪断，并用快刀将断面削平。然后，在砧木树皮光滑的部位，由上向下垂直划一刀，深达木质部，长约1.5cm，并随即用刀尖将树皮挑开。如果砧木树皮坚韧，则可用楔形竹签在木质部和韧皮部之间的部位向下插入，然后拔出竹签，作为接穗插入的部位。

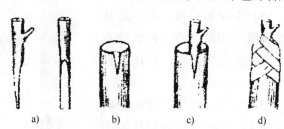

图2-13 插皮接

a）接穗 b）砧木 c）接合 d）塑料条包扎

3）插接穗。将接穗沿切口或竹签插入处，插进木质部和韧皮部之间，光滑大斜面要面对木质部，接穗削面要和砧木密接，一般1个砧木上可插1~2个接穗，粗的砧木可插3~4个。

皮接的绑缚和埋土与劈接、切接相同。

（5）腹接 腹接就是砧木不断砧，在砧木腹部进行嫁接，常在砧木较细时使用，如图2-14所示。

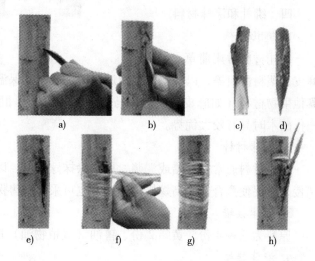

图2-14 腹接

a）接芽部位 b）切开韧皮部 c）接穗正面 d）接穗侧面
e）插入接穗 f）薄膜绑扎 g）绑扎结束 h）成活解缚

（6）髓心形成层对接 髓心形成层对接多用于针叶类植物的嫁接。以砧木的芽开始膨胀时嫁接最好，也可在秋季新梢充分木质化时进行嫁接，如图2-15所示。

（7）桥接 桥接是利用插皮接的方法，在早春树木刚开始进行生长活动，韧皮部易剥离时进行，用亲和力强的种类或同一树种作接穗。常用于补修树皮受伤而根未受伤的大树或古树。

2. 芽接

（1）嵌芽接 带木质部嵌芽接也叫嵌芽接。此种方法不仅不受树木离

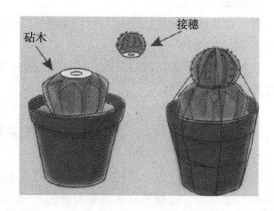

图2-15 髓心形成层对接

皮与否的季节限制，而且用这种方法嫁接，接合牢固，利于嫁接苗生长，已在生产上广泛应用。

（2）T字形芽接　T字形芽接是目前应用最广的一种嫁接方法，需要在夏季进行，操作流程如图2-16所示。

（3）方块（门字）芽接　取接芽块大，与砧木形成层接触面积大，成活率较高，多用于柿树、核桃等较难嫁接成活的植物。

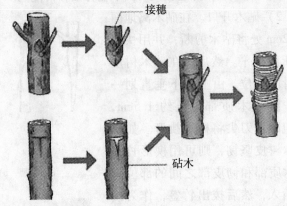

接穗

接穗

砧木

图2-16　嵌芽接

四、绑扎和涂抹材料

1. 绑扎材料

绑扎材料常用蒲草、马蔺草、麻皮、塑料薄膜等，以塑料薄膜应用最为广泛，其保温和保湿性能好且能松紧适度。用其他生物材料（如麻皮、蒲草、马兰草等）绑扎，很容易分解，不用解绑，尤其是用根作砧木时具有较大优势。

2. 涂抹材料

涂抹材料通常为接蜡或泥浆，用来涂抹嫁接口，以减少嫁接部位丧失水分，防止病菌侵入，促使愈合，提高嫁接成活率，也可采用市售保湿剂直接涂抹。

3. 固体接蜡

原料为松香4份、黄蜡2份、兽油（或植物油）1份，按比例配制而成。

4. 液体接蜡

原料是松香或松脂8份、凡士林（或油脂）1份。

五、嫁接后的管理

1. 挂牌

挂牌的目的是防止嫁接苗品种混杂，以生产出品种纯正、规格高的优质壮苗。

2. 检查成活率

对于生长季的芽接，接后7~15天即可检查成活率。

3. 解除绑缚物

生长季节接后需立即萌发的芽接和嫩枝接，结合检查成活率要及时解除绑扎物，以免接穗发育受到抑制。

4. 剪砧

剪砧是指在嫁接育苗时，剪除接穗上方砧木部分的一项措施。

5. 抹芽和除蘖

剪砧后，由于砧木和接穗的差异，使砧木上萌发许多蘖芽，与接穗同时生长或者提前萌生。蘖芽会与接穗争取并消耗大量的养分，不利于接穗成活和生长。为了集中养分供给接穗生长，要及时抹除砧木上的萌芽和萌条。

6. 补接

嫁接失败后，应抓紧时间进行补接。

7. 立支柱

接穗在生长初期很细嫩，在春季风大的地方，为防止接口或接穗新梢风折和弯曲，应在新梢生长至30～40cm时立支柱。

8. 常规田间管理

当嫁接成活后，根据苗木生长状况及生长规律，应加强肥水管理，适时灌水、施肥、除草松土、防治病虫害，促进苗木生长。

马上行动

1）碧桃应采用哪种嫁接繁殖方式？
2）枝接的方式有（　　　）、（　　　）、（　　　）、（　　　）等。
3）嫁接繁殖成活的原理是（　　　）。
4）碧桃嫁接的最佳时间为（　　　）。

任务三　碧桃嫁接及后期管理

 任务描述

进行红叶碧桃嫁接时，要选择适宜的嫁接方法，选好砧木以及制备好接穗再进行嫁接操作，之后要注意做好嫁接后的管理，保证嫁接成活率和嫁接效果。

碧桃嫁接及后期管理流程如图2-17所示。

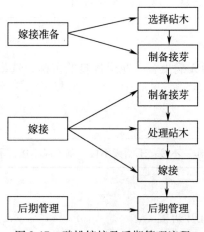

图2-17　碧桃嫁接及后期管理流程

一、嫁接准备

1. 确定时间及方法

根据生产条件确定在夏季采用芽接的方法进行嫁接。

2. 选择砧木

可供红叶碧桃嫁接使用的桃树苗砧木种类主要有山毛桃苗、毛樱桃以及山杏。山毛桃苗的抗旱、抗寒性极强，而且和红叶碧桃苗的嫁接亲和力相近，非常适用于气候比较干冷的地区作为砧木使用。砧木最好以实生繁育的山毛桃苗为宜，而且要选择生长健壮、无病虫害的砧木。

 知识加油站

山毛桃实生苗的培育

第一年秋选择种仁饱满、完全成熟、无病虫害的山毛桃种子，用冷水将种子浸泡7天，然后选择背阴、通风、干燥、排水良好的地方，挖深 60 ~ 80cm，宽 50 ~ 60cm 的沙藏沟，进行沙藏。沙藏期间，保持温度 2 ~ 7℃，沙藏的时间为 90 天，沙藏后期温度升高，要经常检查。注意保持沙的湿度，若沙较干燥，可适当洒水增湿，并上下翻动，使温度、湿度均匀一致，通气良好。湿度过高时，应取出摊晾，发现霉烂的种子应及时拣出。

翌年 3 月中旬播种，春播时，播种前 1 ~ 2 天将种子从沙藏沟内取出。挑选露白的种子，按行距 40cm 和株距 10cm 开沟播种，然后覆盖地膜。

播种后 15 ~ 20 天，发现有种子出苗后，在地膜上打孔，及时协助幼苗破膜出土，并在苗周围压土，将地膜破口封严，以防高温时地膜下的热气从破口处向外散发，损伤幼苗。然后进行正常的田间管理。

8、9 月，一年生实生苗就可以用来芽接红叶碧桃了。

3. 选择接穗

红叶碧桃母树要健壮而无病虫害，花果优良的植株，选当年的新梢粗壮枝、芽眼饱满枝为选接穗枝。

二、嫁接

> 嫁接操作三不接：下雨天不接，刮大风不接，不适时不接

1. 制备接芽

（1）材料　选择好的红叶碧桃。

（2）工具　芽接刀。

（3）操作步骤

1）选枝条中部饱满的侧芽作为接芽。

2）剪去叶片，保留叶柄。

3）在接芽上方 5～7mm 处横切一刀，深达木质部，也可少带木质部。

4）在接芽下方 1cm 向芽的位置削去芽片，使芽片成盾形，连同叶柄一起取下。

2. 处理砧木

（1）材料　选择好的山毛桃实生苗。

（2）工具　芽接刀。

（3）操作步骤

1）选择铅笔粗的实生苗，茎干距地面 3～5cm，选用树干北侧的垂直部分。

2）在砧木的一侧横切一刀，深达木质部。

3）从切口中间向下纵切一刀长 3cm，使其成 T 字形，芽内侧要稍带木质部。

3. 嫁接

（1）材料　处理好的砧木、接芽。

（2）工具　芽接刀、塑料胶布。

（3）操作步骤

1）用芽接刀轻轻把皮剥开，将盾形芽片插入 T 字口内。

2）用剥开的皮层合拢包住芽片。

插入芽片时一定要紧贴形成层

3）在接芽的下面用塑料胶布向左缠 2 圈，再向右缠 2 圈，均衡地向上绑缚，使其防芽风干，牢固结合，露出接芽，如图 2-18 所示。

三、后期管理

1. 去蘖剪砧

芽接后，适时将嫁接口 3～4cm 以上部分砧木用剪刀剪掉，这样才能保证水分和养分全部供应给新芽，加快伤口愈合。对砧木萌蘖条要及时去除，一般每 10～15 天去蘖一次。去蘖可用刀

图 2-18　绑缚后枝条

片从萌蘖条下部向上削除，深达木质部，也可用剪刀剪去，不能直接用手掰，以免造成伤口过大，影响砧木生长。

2. 水分管理

嫁接后的红叶桃，由于伤口需要愈合，所以，必须保证水分供给，否则，伤口难以愈合，造成嫁接部分死亡。同时，还要防止苗田积水，如果积水，就会造成幼苗窒息死亡。因此，抗旱排涝同样重要。

3. 检查成活率，解除绑扎物

芽后 10～15 天，叶柄呈黄色脱落，即是成活的象征，叶柄变黑则说明未活。成活苗在长出新芽、愈合完全后除去塑料胶布。

4. 去赘芽

砧木上部剪掉以后，水分、养分集中供应到下部，所以，下部很快就会长出很多赘芽，当这些赘芽长至 2～3cm 时，要及时剪掉，否则，会影响红叶碧桃幼芽的生长。但要注意，在去赘芽时谨防碰掉砧木上的叶子，因为这些叶子在这一时期要为幼树提供光合作用。

5. 施肥

一般施复合肥 1～2 次，促使接穗新梢木质化，具备抗寒性能。

6. 立杆扶直

嫁接苗长出新梢后，由于新梢生长过旺，而接口处并未完全愈合，故在风大的地方要设立支柱扶绑新梢，避免风折和枝条弯曲。

7. 适时摘心

当新梢长至所要求的长度时，对枝条进行摘心，抑制高生长，促进加粗生长，同时也可促进分枝。如用普通国槐作砧木嫁接的金枝国槐，在一级侧枝上，当新梢长至 50～70cm 时，对其进行摘心，除抑制顶端优势外，还可促进萌发多个二级侧枝，有利于金枝国槐形成良好的冠形。

8. 加强管理和病虫害防治

嫁接苗成活后，后期养护管理也非常重要。要及时松土、除草和灌溉，促进嫁接苗健康生长。发现病虫害要及时进行防治，新梢由于较嫩，打药时要减少药量及浓度，避免对新梢造成药害。为防治蚜虫，喷洒 2000 倍的乐果溶液，当叶片发生缩叶病时，可使用石硫合剂。

9. 除草

这一时期，幼树低矮，天气炎热，杂草生长旺盛，它对幼树生长威胁很大，因此要及时清除杂草，除草剂当心使用，确保幼苗健壮生长。

四、评价反馈

本项目评价反馈见表 2-2。

表 2-2　碧桃评价反馈

考核要求	分值	自评（20%）	组内互评（20%）	教师评价（30%）	企业评价（30%）
接穗选择处理方法得当	15				
砧木选择处理方法得当	15				
嫁接方法正确规范，刀口平滑	30				
水肥管理到位	10				
病虫害防治到位	10				
幼苗品质好	10				
文明操作，注意安全，工具使用正确	10				
合计	100				

碧桃春季催花法

1. 叶片摘除

12月上中旬，在碧桃的生长季节，将叶子全部摘除，摘除时只保留叶柄，使其提前进入休眠期。如果气温低，天气寒冷，可一次将叶片全部摘完；若气温高，可先摘去一半，待10~15天后，再摘除一半。

2. 塑料薄膜覆盖

1月上中旬，如果摘叶后的碧桃还不见花蕾，可用塑料薄膜覆盖树冠，四周用绳扎紧绑严，在晴天中午让其充分接受光照，对树干喷水，可结合喷施千分之二的磷酸二氢钾溶液，以提高温度和湿度，春节前后即可开花。

3. 分期加温

摘叶后的碧桃，首先移到7℃以下的冷凉处，到春节前30~40天移入室内，保持10℃左右的温度，使其适应环境，以后逐渐提高室温，一般在20~25℃的环境中，经过15~20天即可。

项目四　夹竹桃种苗生产

　　夹竹桃花色丰富（图2-19），树型优美，具有良好的美化的作用。除此之外，它还具有极强的环保功能，主要体现在三个方面：一是耐污染能力强，夹竹桃叶子表面蜡质层厚，能抵抗粉尘、烟尘、油污、二氧化硫、氯气、氟化氢等有害气体；二是抗辐射能力强，夹竹桃是1945年8月日本广岛核爆炸中幸存的几种植物之一，绽开的美丽花朵当时被称为"原爆的花"；三是对重金属富集能力强，在污染环境中叶片每克含硫量2.5～7.2mg、含氯量3.1～4.7mg、含氟量2.48mg，叶片汞含量可高达96μg。

a)　　　　　　　　　　　　　　　　　b)

c)　　　　　　　　　　　　　　　　　d)

图2-19　夹竹桃欣赏

a）夹竹桃（白花）　b）夹竹桃（紫花）　c）夹竹桃（黄花）　d）夹竹桃（红花）

任务一　认识夹竹桃

任务描述

要进行夹竹桃的种苗生产，首先要认识夹竹桃，了解夹竹桃的形态特性及生物学特性。

夹竹桃是夹竹桃科的常绿灌木或小乔木，叶片如柳似竹，花多胜似桃花，因而得名。花冠粉红至深红或白色、黄色，有特殊香气，花期为 6 ～ 10 月，是有名的观赏花卉苗木。长江流域中，此花从夏初开到秋末，是花期最长的木本花卉之一，故有"半年花"之美称。但夹竹桃的茎、叶、花朵均有毒，分泌汁液含有有毒物质夹竹桃苷，误食会中毒。

一、形态特性

夹竹桃形态特征如图 2-20 所示，常绿大灌木，高达 5m，无毛。叶 3 ～ 4 枚轮生，在枝条下部为对生，窄披针形，叶的边缘非常光滑，长 11 ～ 15cm，宽 2 ～ 2.5cm，下面浅绿色；侧脉扁平，密生而平行；夹竹桃的叶上还有一层薄薄的"腊"，这层腊能替叶子保水、保温，使植物能够抵御严寒。所以，夹竹桃不怕寒冷，在冬季，照样绿姿不改。聚伞花序顶生，花萼直立（图 2-21），形状像漏斗，花瓣相互重叠，有红色、黄色和白色三种，其中，红色是它自然的色彩，"白色""黄色"是人工长期培育造就的新品种，芳香，重瓣；副花冠鳞片状，顶端撕裂。蓇葖果矩圆形，长 10 ～ 23cm，直径 1.5 ～ 2cm，成熟时会爆开放出大量种子；种子顶端具黄褐色种毛。

图 2-20　夹竹桃形态特征

图 2-21　夹竹桃花序及花萼

茎皮纤维为优良混纺原料，可提制强心剂；根及树皮含有强心甙和酚类结晶物质及少量精油；茎叶可制杀虫剂，其茎、叶、花朵都有毒，它分泌出的乳白色汁液含有一种叫夹竹桃苷的有毒物质，人畜误食可致命。

二、生物学特性

夹竹桃喜光，喜温暖湿润的气候，忌水渍，耐一定程度的空气干燥，适合生长于排水良好、肥沃的中性土壤，微酸性、微碱土也能适应。夹竹桃对类尘及有毒气体有很强的吸收能力。

夹竹桃适合在温暖的亚热带地区生长，由于其花朵鲜艳、芳香，在这些地区广泛被种植为观赏植物。它们能抵御干旱的环境及低至 -10℃的寒冷天气。在寒冷地区的温室中都可以种植夹竹桃。

马上行动

请查阅材料，了解夹竹桃还有什么作用？

_____

_____

_____

_____

_____

_____

任务二　做好夹竹桃的生产准备

 **任务描述**

要完成切夹竹桃的生产，首先要明确生产的方法和技术要求，并做好生产的准备。

夹竹桃生产主要是使用压条的方式进行。压条是对植物进行人工无性繁殖（营养繁殖）的一种方法，指枝条不脱离母株，将植物的枝、蔓压埋于湿润的基质中，待其生根后与母株割离，形成新植株的方法，故又称压枝。采用压条的方法繁殖成株率高，但繁殖系数小，多在用其他方法繁殖困难，或要繁殖较大的新株时采用。

一、压条生根原理

压条时，在枝条上环状剥去皮层或扭伤枝条，并在环剥圈（扭伤处）周围充满培养基质，从根系吸收的无机盐和水分仍然能通过枝条中央的髓输送给环剥圈（扭伤处）以上的枝条，但是环剥圈（扭伤处）失去了韧皮层、形成层，所以环剥圈（扭伤处）

以上枝叶光合作用产生的碳水化合物等有机营养不能回馈给植株，而用作自身积累，这有利于在环剥区（扭伤处）生成愈伤组织并促使发根。

二、压条的类型

1. 普通压条

普通压条适于枝、蔓柔软的植物或近地面处有较多易弯曲枝条的树种（辛夷、蜡梅等）。将母株近地 1～2 年生枝条向四方弯曲，于下方刻伤后压入坑中，用钩固定，培土压实，枝梢垂直向上露出地面并插缚一支持物，如图 2-22 所示。

2. 水平压条

水平压条适于枝条较长且易生根的树种（如苹果矮化砧、藤本月季等），又称连续压、掘沟压。顺偃枝挖浅沟，按适当间隔刻伤枝条并水平固定于沟中，除去枝条上向下生长的芽，填土。待生根萌芽后在节间处逐一切断，每株苗附有一段母体，如图 2-23 所示。

图 2-22　普通压条

图 2-23　水平压条

3. 波状压条

波状压条适于枝蔓特长的藤本植物（如葡萄等）。将枝蔓上下弯成波状，着地的部分埋压土中，待其生根和突出地面部分萌芽并生长一定时期后，逐段切成新植株，如图 2-24 所示。

4. 堆土压条

堆土压条适于根颈部分蘖性强或呈丛状的树木（如辛夷、珍珠梅、黄刺玫、李、石榴等）。将根颈部枝条基部刻伤后堆土埋压，待生根后，分切成新植株，如图 2-25 所示。

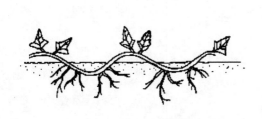

图 2-24　波状压条

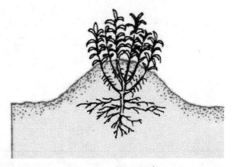

图 2-25　堆土压条

5. 空中压条

空中压条又称中国压条或高压，适于高大或不易弯曲的植株，多用于名贵树种（山茶、桂花、龙眼、荔枝、人心果等），是盆景选材常用的方法。因为很多树木扦插成活率低，或者是一些姿态奇特的粗大枝干，老枝扦插成活率低，而高压法却能生根。选1~3年生枝条，环剥2~4cm，刮去形成层或纵刻成伤口，用塑料布、对开的竹筒、瓦罐等包合于割伤处，紧绑固定，内填苔藓或肥土，常浇水保湿，待生根后切离成新植株，如图2-26所示。

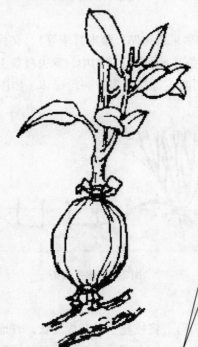

> 高空压条繁殖，相对扦插繁殖的优点在于：可以直接繁殖更粗的枝条；保险系数高，即使没有成功发根，枝条也不会死掉。

图2-26 空中压条

马上行动

综合以上内容，请分析各种压条的应用特点及典型植物，填写表2-3。

表2-3 压条的应用特点及典型植物

压条类型	应用特点	典型植物

任务三 夹竹桃普通压条及后期管理

任务描述

　　进行夹竹桃压条繁殖，要选择好枝条，做环剥或扭伤处理后，掩埋压实，并做好后期的肥水管理及病虫害防治工作，才能确保切夹竹桃的质量。

　　一年之中除寒冷季节外，其余时间均可进行压条繁殖，而以高温高湿的夏季为最佳季节，夏季中，它的伤口愈合快，生根早。若在春夏压的条，当年即可开花。

一、压条准备

　　1. 选择枝条

　　选用植株向阳、生长健壮，枝径在0.5cm以上，接近地面的枝条，压条部位需在枝的中上部，并选择枝芽饱满的部分。枝条太嫩不易环剥，枝条太老又难以愈合生根。

　　2. 准备工具

　　压条操作之前，需要准备好嫁接刀（以环剥刀为好）、生根剂、河沙、塑料纸、大头针、细绳等。刀具与河沙应分别用酒精与开水消毒，以防伤口感染。

二、压条操作

　　1. 处理压条

　　（1）工具　环剥刀。

　　（2）操作步骤

　　1）在选择好的枝条上，把准备埋在地下的部分，用小刀环切2道，间距1~2cm。

　　2）去掉两环切道之间的树皮，露出木质部。

　　3）用环切刀把环剥圈内全部刮一遍，去掉所有形成层，露出木质部，如图2-27所示。

图2-27　环剥后枝条

　　2. 挖穴

　　（1）工具　铁锹。

　　（2）操作步骤

　　1）把处理好的枝条预压，确定挖穴的位置。

　　> 为什么挖穴近母本一侧为斜面，对面一侧为近于垂直的立面？

　　2）用铁锹掘穴，深度约为10~20cm，近母本一侧为斜面，对面一侧为近于垂直的立面。

　　3. 压条

　　（1）工具　铁锹、木杈。

（2）操作步骤

1）把处理好的压条环剥部分拗弯放入穴内，让一部分枝条连同顶部露出地面。

2）截取树杈做成枒杈扣，扣在压条的弯曲部分，压紧，使压条不会重新弹起。

3）覆土，压实，如图 2-28 所示。

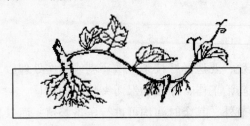

图 2-28　压条

4）围堰浇水，在压条位置围堰，用铁锹拍实后浇水，之后要勤浇水，使土壤保持湿润。

马上行动

查阅材料，完成地锦波状压条的生产方案。

_____

_____

_____

_____

_____

_____

三、评价反馈

本项目评价反馈见表 2-4。

表 2-4　夹竹桃评价反馈

考核要求	分值	自评（20%）	组内互评（20%）	教师评价（30%）	企业评价（30%）
压条选择合理	10				
压条处理得当	20				
压条操作规范	30				
压条后管理到位	10				
压条苗生长健壮	20				
文明操作，注意安全，工具使用正确	10				
合计	100				

课外拓展

木槿高空压条

1）选 1~3 年生枝条或者形态奇特适合做盆景的曲折枝条，如图 2-29 所示。

图 2-29　选择枝条

2）在枝条下用锋利小刀环状刻皮，然后环剥掉树皮，宽度在 1~2cm，刮去形成层，露出木质部，切断树皮内韧皮部中运输营养物质的筛管，从而使得树叶产生的营养物质向下运输受阻，堆积在环剥处，容易萌发出新根，如图 2-30 所示。

a)　　　　　　　　　　　　　　　　　　b)

图 2-30　环剥后的枝条

3）用饮料瓶做成漏斗状，中间剪开，如图 2-31 所示，并套在环剥处，用金属线捆好，如图 2-32 所示。

4）饮料瓶里面放好沙子苔藓或培养土等保水植料，外面用塑料布缠好，尽量做到不漏水、不露土，如图 2-33 所示。

图 2-31　剪开饮料瓶

图 2-32　捆好呈漏斗状

a)

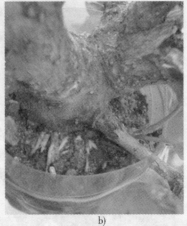

b)

图 2-33　装好基质

5）浇水，用塑料布团成团，把漏斗顶部露出的植料给塞上，以防止蒸发过快。以后隔几天补点水，保持湿度。生根后，就可以把需要的枝条锯下来栽种了，如图 2-34 和图 2-35 所示。

图 2-34　检查生根

图 2-35　修剪后栽种

单元三 节日花坛用花种苗生产

学习目标

★ 知识目标

1. 熟悉生产计划及技术要求、规范。

2. 掌握播种的方法、催芽、浸种、消毒的方法及播种的步骤和要求。

3. 了解苗床准备的要求和方法。

4. 了解播种工具的种类、使用及维护方法。

5. 掌握幼苗日常管理的内容及方法。

★ 能力目标

1. 能够根据种子特点有效地处理种子（催芽、浸种、消毒等）并选择合理的播种方式进行播种。

2. 能够进行播种苗的日常管理。

★ 情感目标

1. 责任心强，工作质量好。

2. 具有节约材料和安全使用工具的意识。

学习内容概要

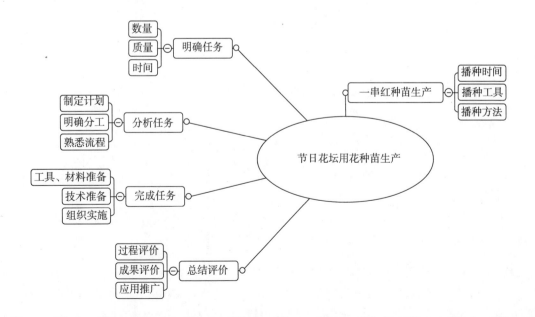

 **预期成果**

本单元的重点内容是以一串红和彩叶草为例介绍节日花坛用花种苗生产，本单元结束后，你应获得如下预期成果；

➢ 一串红种苗生产计划及项目总结报告。

➢ 一串红苗 5000 株（株高 10cm，冠幅 15cm）。

 **学前准备**

专业刊物类：《中国园林》、《园林科技》。

➢ 网络连接：http：//www. yuanlin365. com（中华园林网）

http：//www. yuanlin. com（中国园林网）

http：//www. chla. com. cn（中国风景园林网）

项目五　一串红种苗生产

一串红花序修长，色红鲜艳，花期又长，适应性强，为园林中最普遍栽培的草本花卉。一串红在国际上栽培十分普遍，特别在欧美国家和日本，虽然未列入产值的排位，但美国的戈德史密斯种子公司、意大利法门公司、法国博德杰公司和英国弗洛拉诺瓦公司等，每年销售的一串红种子十分可观。近年来，国外在鼠尾属观赏植物的应用上有了新的发展，红花鼠尾草（朱唇）、粉萼鼠尾草（一串蓝）均已培育出许多新品种。同时矮生的盆栽品种更新极快。

我国一串红的栽培历史虽然不长，但在城市环境布置的应用上是最普遍，用量是最多的。每年盛大节日，一串红还是唱主角，大城市估测在 50 万~100 万盆，中小城市在 5 万~10 万盆，但在品种应用上以红色为主，以老品种为主，白色、紫色、粉色应用极少。直到 20 世纪 90 年代初，矮生品种才进入我国，但由于色彩丰富，使一串红的地位得到了加强。我国也已引种并进行小批量的生产，在城市景观布置上已起到了较好的效果，如图 3-1 所示。

a)　　　　　　　　　　　　b)

c)　　　　　　　　　　　　d)

图 3-1　一串红在园林中的应用

a）一串红摆放花坛　b）一串紫　c）一串红　d）一串白

任务一 认识一串红

![任务描述图标] **任务描述**

要进行一串红的种苗生产，首先要了解一串红的形态特征、观赏特性和生物学特性，据此再选择良种进行繁育。

一、了解一串红的形态及品种

一串红，又名爆竹红、炮仗红、撒尔亚、墙下红、草象牙红，为多年生草本，常作一、二年生栽培，株高 30 ~ 80cm，方茎直立，光滑，叶对生，卵形，边缘有锯齿。花呈小长筒状，轮伞状总状花序着生枝顶，唇形共冠，花冠、花冠、花萼同色，花萼宿存。变种有白色、粉色、紫色等，如图 3-2 所示。一串红花期长，从夏末到深秋，开花不断，且不易凋谢，是布置花坛的理想花卉。一串红的果实为小坚果，椭圆形，内含黑色种子，易脱落，能自播繁殖。

图 3-2　不同花色的一串红
a）白色　b）紫色　c）橘黄色　d）多色　e）红色

二、了解一串红生态习性

一串红生态习性见表 3-1，具体来说，分为以下几点：

1）一串红喜温暖和阳光充足的环境，不耐寒，耐半阴，忌霜雪和高温，怕积水和碱性土壤。

2）一串红对温度反应比较敏感。

3）一串红是喜光性花卉，栽培场所必须阳光充足。若光照不足，植株易徒长，茎叶细长，叶色淡绿，如长时间处于光线差的环境中，叶片会变黄脱落。

> 为什么开花植株摆放在光线较差的场所，往往花朵不鲜艳而且容易脱落

4）一串红要求疏松、肥沃和排水良好的沙壤土。而对用甲基溴化物处理土壤和碱性土壤反应非常敏感，适宜于 pH 值为 5.5～6.0 的土壤中生长。

表3-1　一串红生态习性

种子发芽	21～23℃，发芽率高，发芽整齐 20℃以下发芽不整齐 低于15℃很难发芽
幼苗期	7～13℃为宜 5℃低温下，易受冻害
生长期	13～18℃最好，温度超过30℃，植株生长发育受阻，花、叶变小

马上行动

请查阅相关资料，了解一串红的生态习性，并提出针对性的养护措施，填写表3-2。

表3-2　一串红的生态习性及养护措施

生态习性	针对性的养护措施

任务二　做好一串红的生产准备

任务描述

要完成一串红种苗的生产，首先要明确生产的方法和技术要求，并做好生产的准备。

一串红种苗生产可以采用播种和扦插，主要采用播种的方式。播种育苗是指将种子播在苗床上培育苗木的育苗方法。用种子育苗的苗木称为播种苗或实生苗。凡是能采用种子的花卉都可播种育苗。

播种育苗的特点是：

1）繁殖数量大，方法简单。

2）播种苗根系完整，生长健壮。

3）种子寿命长，便于携带，贮存和疏通。

4）除自花授粉外，易产生变异，不能保存品种原有的优良性状。

播种苗和扦插苗的比较如图 3-3 所示。

a)　　　　　　b)

图 3-3　播种苗与扦插苗的比较
a）播种苗　b）扦插苗

一、花木种子的成熟与采收

种子是有性繁殖的物质基础，种子品质好坏直接影响着苗木的质量。认真选择品质优良的种子，是播种工作的前提。

1. 种子的品质

花木种类很多，同种内又有许多品种，其花朵的形态、色泽各异。花木种子的品种要纯正，子粒要饱满，发芽率要高，无病虫害。

（1）品种纯正

1）种子形状。花木的种子形状有各种各样，有弯月形、地雷形、针刺形、棉絮形、芝麻形、圆球形等，通过种子形状也能确认品种。

2）种子纯化。种子采收后，处理去杂，晾干后要装袋贮藏。在整个处理过程中，要标明品种、处理方法、采收日期、贮藏温度、贮藏地点等，以确保品种正确无误。

（2）颗粒饱满，发育充实　采收的种子要成熟，外形粒大而饱满，有光泽，重量足，种胚发育健全。采用的种子外形要粒大饱满，有光泽，重量足。

1）大粒种子，千粒重 10g，如：牵牛、牡丹、旱金莲等，粒径在 5.00mm 以上。

2）中粒种子，千粒重 1g，如：一串红、金盏菊、万寿菊等，粒径在 2.0～5.0mm。

3）小粒种子，千粒重 0.5g，如：鸡冠花、石竹等，粒径在 1.0～2.0mm。

4）微粒种子，千粒重 0.1g，如：矮牵牛、四季海棠、半枝莲在 0.9mm 以下。

（3）富有生活力　新采收的种子比贮藏陈旧的种子生命力强，发芽率高。贮藏期的条件适宜，种子的寿命长，生命力强。花木种类不同，其种子的寿命长短差别也较大。

（4）无病虫害　种子是传播病虫害的重要媒介。种子上常常带有各种病虫的孢子和虫卵，贮藏前要杀菌消毒，进行检疫、检验。

采种是一项季节性很强的工作，要获得品质优良的种子，必须预先选好母株，正确掌握花木的种子成熟和脱落规律，以便制定采种计划，做到适时采种。

2. 母株选择

采种母株选择应注意以下几点：

（1）母株生长地区 花木的生长具有一定的区域适应性，离开适应区域距离太远，环境条件往往相差很大，造成花木不适应或发生变异。因此应尽可能就地选择，或在环境条件相似的地区选择。

（2）采种母株年龄 应选择生长旺盛的成年花木。

（3）母株个体质量 选择生长良好，发育健壮，无病虫害的植株。有条件的可建立采种基地，以满足良种供应。

3. 种子成熟

种子成熟过程就是胚和胚乳发育的过程，包括生理成熟和形态成熟两个过程。

（1）生理成熟 生理成熟的种子特点是：含水量高，种皮不致密，种仁易收缩，发芽率低，不利贮藏。大多数花木不应在此时采种。对椴树、山楂、水曲柳等休眠期长的树种采用生理成熟期的种子采后即播可缩短休眠期，提高发芽率。

（2）形态成熟 当种子完成了种胚发育过程后，在外部形态上也呈现出固有的成熟特征。其特征是：含水量低，种仁饱满，种皮坚硬致密，抗害力强，易贮藏，播种后出苗整齐。大多数花木宜在此时采集。

4. 种子的采收

种子采收，一般应在成熟后进行。采收时应考虑花木种类、果实开裂方式、种子着生部位及种子的成熟程度等。采收的时间应在晴天的早晨进行。

（1）草本花卉种子的采收

1）摘取法。许多一、二年生花卉开花期很长，而且同一植株上种子成熟期不一致，果实成熟后，可自然开裂，种子容易散失。因此这些花卉必须在果实将裂时进行摘取。如凤仙花的蒴果，当果实变黄后，每个心皮便急剧地收缩，呈螺纹状的扭曲，将种子弹出；半支莲的盖果，成熟时即行胞周开裂而种子落出。

2）收割法。种子成熟比较一致，另外成熟后种子不容易散失，如千日红、鸡冠花、万寿菊。

（2）木本花卉种子的采用

1）果实成熟会自动与母树分离，落地后裂开，并散播出单个干燥的种子，如锦鸡儿、杨柳等，这类种子采收方法是：在果实成熟之前，整株收下，经过晒干，用木棒敲打，种子即可脱出，再经过筛扬可得到纯净的种子。

2）果实成熟不脱离母树，或为肉质果，种子必须经人工从果实中取出，这类果实需采用人工采摘，如松柏类果实人工采摘后放在通风干燥屋内，经过阴干，使球果张开取出种子。肉质果实采收后，堆积发酵腐烂，然后放在容器内用力揉搓，加水漂洗将果肉与种子分开，漂洗净的种子阴干、贮藏备用，采摘时注意不能拣取落在地面的果实，也不要让果实变干燥，这样会使种皮变硬，从而加深种子休眠。

二、种子的寿命

1. 概念

寿命指种子生命力（种子生命力是指种子维持生命长短的能力）的年限。

2. 影响因素

（1）内在因素

花木种类、种子成熟度及产地、种子含水量、机械损伤等都属于内在因素。

1）短命种子：发芽年限在 1 年左右，如杨柳、七叶树、柑橘、板栗等。

2）中寿种子：发芽年限在 2~15 年，如莴萝、虞美人、花菱草、金鱼草、三色堇、千日红、鸡冠、观赏茄、紫罗兰、凤仙花、蜀葵、万寿菊、针叶树种等。

3）长命种子：发芽年限在 15 年以上的种子，如莲等。

（2）环境因素

1）温度。一般种子贮藏适宜温度是 0~5℃。

2）湿度。相对湿度控制在 50%~60% 时有利于多数花木种子的贮藏。

3）通气条件。含水量低的种子需氧量极少，含水量高的种子应适当通气。

4）生物因子。微生物、昆虫、及鼠类都会影响种子的寿命。

影响种子生命力的因素是多方面的，各种条件之间相互影响、相互制约。在种子贮藏中应对种子本身的性质及各种环境条件进行综合分析，抓住种子含水量这个主导因素，采取相适应的贮藏方法，才能更好地保存种子的生命力。

三、种子的贮藏

1. 原则

抑制呼吸作用，减少养分消耗，保持活力，延长寿命。

2. 贮藏方法

（1）自然干燥法　耐干燥的 1、2 年生草花种子，经过阴干或晒干后装入袋中或箱中放在普通室内贮藏。

（2）干燥密闭法　把上述充分干燥的种子，装入罐或瓶类容器中，密封起来放在冷凉处保存。

（3）低温干燥密闭贮藏　温度一般保持在 2~4℃，含水量控制在 4% 左右。

（4）层积沙藏法　不能充分干燥的花卉种子多采用层积法贮藏，如牡丹、芍药、柑橘种子。

（5）水藏法　某些水生花卉的种子，必须贮藏在水中以保持发芽率。

（6）真空贮藏　将种子放入容器或塑料袋中，然后将容器内空气抽出，以延长种子寿命的贮存方法。

四、花木播种前的准备

1. 土壤处理

（1）整地

整地能够增强透气、透水性，提高蓄水保墒能力；促进养分转化和根系吸收；春季时可提高表层土温；翻埋杂草，消灭病虫害。

总之，整地可以有效地改善土壤的水、肥、气、热状况，调节土壤的理化性质，促进耕作层团粒结构的形成及恢复，提高土壤的肥力。

整地的步骤为清除杂物及土地平整→翻耕→耙地和镇压。

（2）土壤消毒　土壤消毒是圃地的一项重要工作，生产上常用药剂处理和高温处理。

1）药剂处理。硫酸亚铁可配成2%～3%的水溶液喷洒于播种床，或在播种前灌底水时溶于蓄水池中，也可与基肥混拌使用或制成药土使用，每亩用量为15～20kg。

福尔马林用量为50mL/m²，稀释100～200倍后于播种前10～15天喷洒在苗床上，用薄膜覆盖，播种时，提前一周打开薄膜。

五氯硝基苯与代森锌（或敌克松）按3:1混合配制，使用量为3～5g，配成药土撒于土壤或播种沟内。

此外还可用辛硫磷等制成药土预防地下害虫。

2）高温处理。在圃地上堆积柴草焚烧，既可消毒土壤又可增加土壤肥力，此法常结合开荒用。国外有的用火焰土壤消毒机对土壤进行高温处理，以此来消灭土壤中的病虫害和杂草种子。

2. 种子播前处理

（1）机械破皮　用机械方法改变硬的或不透水的种皮：破皮是开裂、抓伤或机械改变种皮的一种过程，可以使种皮透水和空气，如美人蕉、荷花的种子，播种前用锉刀磨破种皮，再用温水浸泡24h，然后播种，如图3-4所示。

（2）水浸种　水浸种是为了软化硬种皮，或除去抑制物质，如仙客来种子，如果直接播种，则会发芽迟缓，出苗不齐。若播种前用冷水浸种一昼夜或以30℃温水放置2～3h，然后清洗掉种子表面的黏着物，包在湿布中催芽，保持温度25℃放置1～2天，待种子稍微萌动即可取出播种。

图3-4　种子处理

（3）酸侵蚀　这个方法是用以改变硬的或不渗透的种皮，一般是用浓硫酸浸泡干种子置于玻璃容器或陶制容器中，加上浓硫酸，用清水洗净播种。对于少量种子，分离漏斗是有用的容器，可很容易地将酸除去。

（4）沙藏处理　这种处理的主要目的是使种子处在低温中快速、均匀地发芽（对于很多乔灌木花卉种子是必要的，月季、蔷薇、紫叶小檗、桂花、海棠等种子必须在低温和湿润的环境条件下）。

1）将干种子浸泡在水中12～24h，把水排干，与其体积1～3倍的潮湿基质相混合。

2）以一层1.2～7cm厚的种子，一层相同厚度的基质，相互交替地一层一层堆积。基质中可以加入杀菌剂以保护种子，避免冻害，干燥及鼠害，如图3-5所示。

3）适合的容器是箱子、瓦罐。

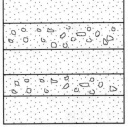

图3-5　沙藏处理示意图

（5）种子消毒

1）福尔马林。浸种后，用0.15%的福尔马林溶液消毒15～30min，取出后密闭2h，用清水冲洗后阴干。

2）高锰酸钾。用0.5%的高锰酸钾溶液浸种2h，用清水冲洗后阴干。

3）硫酸亚铁。用0.5%～1%的溶液浸种2h，用清水冲洗后阴干。

4）硫酸铜。用0.3%～1%的溶液浸种4～6h，阴干后即可播种。

5）退菌特。将80%的退菌特稀释800倍，浸种15min。

6）敌克松。用种子重量0.2%～0.5%的药粉配成药土，然后用药土拌种。

五、播种时期

播种时期选择是否适宜，直接影响苗木的质量，播种期应依据树种的生物学特性和当地的气候条件来确定。在我国南方，由于气候四季温暖湿润，全年均可播种。在北方地区由于冬季寒冷干燥，播种时期受到一定限制，需保证苗木在冬前充分木质化方可安全越冬。大棚温室内可随时播种育苗。根据播种季节，可分为春播、秋播、夏播、冬播。

1. 春播

春播是主要的播种季节，适合绝大多数的园林植物播种。春播的早晚以在幼苗不受晚霜危害的前提下，越早越好。近年来，各地区采用塑料薄膜育苗，可以提前春播，一般土壤解冻后即可进行。

2. 秋播

秋播适宜于种皮坚硬的大粒种子和休眠期长、发芽困难的种子。秋播时间不宜太早，以防秋播当年秋天发芽，致使幼苗受冻害。一般土壤结冻以前越晚播种越好。适合秋播的树种有板栗、山杏、油茶、文冠果、红松、白蜡、山桃等。

3. 夏播

夏播大多是春夏成熟而又不宜贮藏或生活力较差的种子，一般随采随播，如君子兰、四季海棠、杨、柳、榆、桑等。夏播应雨后或灌溉后播种，幼苗出土前后要始终保持土壤湿润，可采取遮阴等降温保湿措施。夏播时间宜早不宜迟，以保证苗木能充分木质化以利越冬。

4. 冬播

冬播是春播的延续和秋播的提前，主要应用于我国南方气候温暖湿润，土壤不结冻的地区。

六、播种技术

1. 地播

（1）播种方法

1）撒播。小粒种子或量大的种子适合此种方法。即播种时将种粒均匀散布在土面上，如图3-6所示。对于细小的种粒可以混合等量的细沙进行散布，以求均匀，撒播后用细土覆盖床面。

2）条播。条播是按一定株行距开沟，然后将种子均匀地撒播在沟内，主要用于中小粒种子，如文竹、天门冬、紫荆、合欢、国槐、五角枫、刺槐等。条播用种少，有明显的株行距，幼苗通风透光条件好，生长健壮，抚育管理方便，生产上应用较多，如图3-7所示。

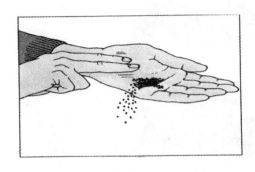

图3-6　撒播手法示意图　　　　　　　　　　　　　图3-7　条播

3）点播。点播是按一定株行距挖穴播种，再按一定株距播种的方法，主要用于大粒种子，如牡丹、芍药、丁香、君子兰、银杏、核桃、板栗等。点播节约种子，株行距大，规则清楚，通风透光条件好，便于管理。

（2）播种工序及要求

1）划线：通直整齐。

2）开沟与播种：同时进行，开沟深度视种子大小而定，一般在1~5cm，深度要一致。极小种子如杨柳等一般不开沟，撒播种子要均匀。

3）覆土：及时，厚度一般是种子直径的2~3倍，且厚薄一致。

4）镇压：及时，以使种子和土壤密接、保墒，在疏松而干燥的土壤上，镇压尤为重要。

（3）播种后的管理

1）保持苗床湿润，不能出现过干过湿现象。

2）适当遮阳，避免地面出现"封皮"现象，并根据发芽情况拆除遮阳物逐步见阳光。

3）真叶出土后根据苗稀密程度及时"间苗"，去弱留壮后立即浇水以免留苗因根系松动而死亡，充分见光后"蹲苗"。

2. 容器播种

（1）盆播　操作流程见图3-8所示。

1）苗盆准备：一般采用盆口较大的浅盆或浅木箱，播种前要洗刷消毒后待用。

2）盆土准备：在底部的排水孔上盖一瓦片，下部铺2cm厚的素沙以利排水，上层装入过筛消毒的播种培养土，颠实、刮平即可播种。

3）播种：据种子大小选择相适应的方法，播后覆土，用木板轻轻压实。

4）给水：采用盆底浸水法。将播种盆浸到水槽中，下面垫一倒置空盆，通过苗盆的排水孔向上渗透水分，至盆面湿润后取出。浸盆后用玻璃和报纸覆盖盆口，防止水分蒸发和阳光直射。夜间将玻璃掀去，使之通风透气，白天再盖上。

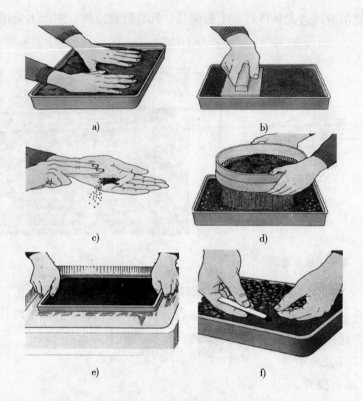

图 3-8　盆播操作过程图解
a) 备培养土　b) 铺平　c) 播种　d) 覆土　e) 浸盆　f) 抹苗

5）管理：出苗后立即揭去覆盖物，放到通风处逐步见阳光。可保持盆底浸水法给水，当长出 1~2 片真叶时用细眼喷壶浇水，长到 3~4 片叶时可分盆移栽。

（2）穴盘育苗　穴盘育苗是近几年发展起来的一种新的育苗方式，被广泛应用于花卉和蔬菜育苗。它是指用一种有很多小孔的（小孔呈上大下小的倒金字塔形）育苗盘，在小孔中盛装泥炭和蛭石等混合基质，然后在其中播种育苗，为一孔育一苗的方法。依据植物种类的不同，可一次成苗或仅培育小苗供移苗用。把穴盘填装上基质、播种、覆盖、镇压、浇水等一系列作业，可实行机械化和自动化作业。穴盘苗可从专业生产商购买，自动针式播种机如图 3-9 所示。

穴盘的规格大致有以下几种：72 穴盘（4cm×4cm×5.5cm/穴）、128 穴盘（3cm×3cm×4.5cm/穴）、392 穴盘（1.5cm×1.5cm×2.5cm/穴）、200 穴盘（2.3cm×2.3cm×3.5cm/穴）、128 穴盘（4cm×4cm×5.5cm/穴）等。

1）穴盘育苗的优点。相对育苗盘来说，穴盘育苗具有以下优点：① 适合于机械化和自动化移栽；② 由于缓苗时间短或者无，用于生产成品苗的时间短；③ 移栽前在穴盘里滞留的时间可以较长；④ 病害传播机会减少。

2）穴盘育苗的缺点：① 需要特殊和昂贵的播种机器，比苗盘育苗需用更大的育苗场地；② 若无穴盘播种经验，容易失败。某些种类，特别是多年生花卉，因发芽不整齐或时间长，不适合于穴盘育苗。

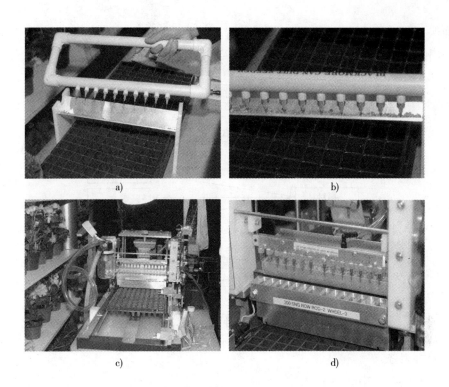

a)　　　　　　　　　　b)

c)　　　　　　　　　　d)

图 3-9　自动针式播种机

a）播种针　b）播种针局部　c）、d）针式播种机外观

马上行动

1. 填空题

1）对于花木种子的品质来说，品种要（　　），子粒要（　　），发芽率要
（　　）。

2）生产上对土壤进行消毒常用（　　）处理和高温处理。

3）根据播种季节，播种可分为（　　）、（　　）、夏播、冬播。

4）地播的程序有划线、开沟与播种、（　　）和（　　）。

2. 简答题

1）种子贮藏的原则和方法有哪些？

2）简述盆播育苗的方法。

任务三　一串红播种繁殖及后期管理

任务描述

进行一串红播种繁殖，要制备好苗盘，处理好种子、进行播种及后期养护等工作，

才能确保一串红的质量。

一串红播种繁殖及后期管理流程如图 3-10 所示。

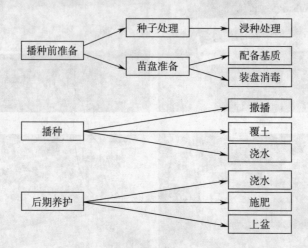

图 3-10　一串红播种繁殖及后期管理流程

一、播种前准备

1. 处理种子

（1）材料　一串红种子。

（2）工具　纱布。

（3）操作步骤

1）在播种前先将种子在 25～30℃的温水中浸泡 6～8h。

> 浸种的目的是促进种子较早发芽，还可以杀死一些虫子卵和病毒。浸种后的一串红6～7天左右即可发芽出苗。

2）装在纱布中搓洗，洗去表面的黏液。

3）捞出阴干。

2. 制备苗盘

（1）材料　泥炭、珍珠岩。

（2）工具　苗盘、铁锹、喷壶。

（3）操作步骤

1）将泥炭、珍珠岩以 2:1 的比例混合，配制成育苗基质。

2）将基质均匀、平整地装入苗盘。

3）用喷壶将基质浇透，待用。

二、播种

> 播种时要一匀、二湿、三暖。匀是指播种要匀、覆土要匀；湿是指播后及出苗前介质和苗床要保持湿润；暖是指播后及出苗前可使温度保持在比苗期相对高的温度，此阶段管理的好坏将直接决定着出苗率的高低及苗的好坏。

（1）材料　浸种后的一串红、细沙。

（2）工具　制备好的苗盘、细筛、喷壶。

（3）操作步骤

1）浇湿浇透苗床。

2）将种子按1:4的比例与细沙混合。

3）将混合后的种子均匀地撒播在苗盘里，每苗盘播净种子约为1.5g（约400粒）。

> 也可以先播种，之后浸盆，但浇水的时候切忌水量太大把种子冲出来。

4）用细沙覆土，以不见种子为度，不要太厚，细沙使用前要过筛，均匀覆土。

5）覆膜，置于遮阴环境中。

三、后期养护

播种后苗床管理主要是覆盖保湿，灌水，松土除草，防治病虫害。播种后要覆盖，出苗后及时掀去覆盖物。水分管理要灌足底水，出苗前保持土壤湿润，出苗后保持土壤潮湿。要及时进行松土除草，除草时宜浅不宜深，防止伤及幼苗根系，病害主要防治立枯病、猝倒病（防治方法加强土壤和种子消毒，定期要喷杀菌剂）。虫害主要有地老虎、蛴螬、蝼蛄，可用敌百虫等药剂。

1. 苗期管理

子叶长出后可用3000倍液尿素喷施，苗期容易发生猝倒病，可喷敌克松、甲基托布津、多菌灵等800～1000倍液，每隔7天喷一次，可适当控制水分，促进根系生长，以防倒伏。

 知识加油站

在苗床管理期间，会遇到下列异常幼苗，应采取以下措施处理：

（1）带帽苗　原因是缺水，覆土太薄。种子出苗后种壳黏附子叶随苗出现后，可在清晨苗湿润时慰剥除种壳。

（2）高脚苗　原因是温度高，不通气，光照不足引起的。防治方法是出苗后控制苗床温度，加强通风透光，视情况喷矮壮素或多效唑等控制生长高度。

（3）萎蔫苗　原因是过快地失水（如温度过高，光照过强或连续阴雨低温突然转晴，全部揭开覆盖物，则会造成萎蔫）。防治方法是保持幼苗有足够水分。

（4）老化苗　原因是缺水或地板结形成僵苗。防止方法是平时加强肥水管理，蹲苗时要控温控水，淡肥勤施。

（5）病害苗　原因是病虫害危害。防治方法是预防为主，综合防治。

（6）肥害或药害苗　原因是施肥（药）过频或过量，造成土壤溶液中盐分浓度过大。防治方法是浇水稀释，冲淡盐分，减少危害。

---

2. 移植上盆

用育苗盘育苗，应在出现2～3对真叶时移植上盆，上盆后需马上浇足水，避免直射阳光。

当播种的花长出2~3对嫩叶或者扦插的花苗已生根时，就要及时移栽到大小合适的花盆中，这个操作过程叫做上盆。

（1）材料　2~3对真叶的一串红、泥炭、珍珠岩。

（2）工具　营养钵、花铲。

（3）操作步骤

1）将泥炭、珍珠岩以2:1的比例混合，配制成基质。

2）用花铲将幼苗取出，注意尽量不伤根系。

3）先在营养钵中装入1/3的基质，将幼苗根系舒展地置于营养钵正中位置，再装入基质，注意留一指宽的盆沿。双手十字摁压，使根系与基质充分接触。

4）上盆后，把土压实。

3. 摘心

定植后及时摘心，以促进分枝，防止茎节间徒长，茎秆变细，控制植株高度，增加开花数及种子数量。一般在幼苗具4~5片真叶时进行第一次摘心，如要留作扦插苗繁殖用，可在8~10片真叶时摘心，第2次摘心则待芽长至3~4片真叶时可把顶芽摘掉，每次摘心仅在原来基础上留2~3节为宜，以促使植株矮壮、丰满、花密。一串红在生长期间能多次开花。一般在20~25℃气温和短日照条件下，将开残的花蕾摘掉，新梢经15~20天生长又可开花。因此，在一串红开花后要及时剪除残花，以减少养分的消耗，促使再次开花。

4. 水肥管理

应控制浇水，不干不浇水，否则易发生黄叶落叶现象，造成枝大而稀疏和开花较少的情况。生长期间对磷、钾肥的需求较高，必须及时增加施肥量，以施鸡粪便肥为主，少施氮肥，以满足其生长需要，可每隔10天喷施1次0.2%的磷酸二氢钾溶液。尤其在每次除蕾后要浇足水，经一周后施淡肥水，之后勤施肥水，并适当增施P、K肥，以促生新梢，使开花繁盛。

5. 光照调节

一串红为阳性植物，生长、开花均需要充足的阳光，光照充足还有利于防止植株徒长，但在光线较强地区，要避免阳光直射，晴天要适当遮阴降温。

6. 温度控制

上盆后温度可降至18℃，开花前后可适当再降低温度，这样能形成良好的株型。一般地，植株在5℃以上就不会受冻害，10~30℃均可良好生长。夏季如35℃以上的高温，除非是极短时间或偶尔有之，否则，大多数的品种都难以承受。

7. 花期控制

要保证一串红能在全年各大节日准时开花，除了抓好以上技术管理外，还要确定最后一次摘心时间，以实现花期准确控制。因为一串红摘掉残花后，如果水、肥跟上即可再次开花。

8. 病虫害防治

（1）主要病害

1）猝倒病。可用杀毒矾 800～1000 倍液防治。

2）叶斑病。可用5%代森锌可湿性 0.2% 的溶液喷洒。

3）花叶病，又叫一串红病毒病，其表现症状为叶片发黄、变皱、变小，整株萎缩不长，直至死亡，由于此病多为蚜虫传播引起，在防治中应采用杀蚜防病的方法，叶片严重发黄时可用维果，即乙二胺四乙酸合铁 2000～3000 倍液喷 1～2 次，每周一次效果较好，转绿较快。

（2）常见虫害

常见虫害有白粉虱、蚜虫、红蜘蛛。

1）白粉虱吸食植物汁液会导致叶片褪色、卷曲、萎缩，而且也经常成为各种毒素的传播媒介，可用敌杀死 0.01% 的溶液喷杀。如果是在温室等密闭的环境中，用熏蒸剂强力棚虫Ⅱ号熏蒸效果更好，连续 2～3 次，可彻底消灭温室白粉虱。

2）蚜虫通常集中在嫩芽、嫩叶、嫩枝上刺吸汁液，造成植株受害部位萎缩变形，蚜虫还分泌蜜露污染植株，并诱发煤污病等病害，可用万灵 600～800 倍液喷杀。

3）红蜘蛛多在叶背刺吸叶汁，常造成叶片变色甚至卷曲，可用 0.01% 的三氯杀螨醇溶液喷杀。

马上行动

你为本次一串红生产应做好哪些准备工作呢？在操作中有哪些操作技巧呢？完成扦插任务后有什么收获和体会呢？

_____

_____

_____

_____

_____

_____

_____

_____

_____

_____

_____

_____

_____

四、评价反馈

本项目评价反馈见表3-3。

表3-3　一串红种苗生产操作评价反馈

考核要求	分值	自评（20%）	组内互评（20%）	教师评价（30%）	企业评价（30%）
制备苗床规范、标准	10				
种子处理熟练、符合标准	10				
播种操作娴熟，规范	30				
出苗率高	20				
苗期管理到位，幼苗生长健壮	20				
文明操作，注意安全，工具使用正确	10				
合计	100				

课外拓展

一、播种繁殖新技术

近年来，全国各地从国外引进种子日趋增多，因而相应的育苗技术急需提高。播种育苗的研究对象为一、二年生花卉，也适合大多数播种育苗的盆栽花卉。播种是一、二年生花卉（包括可以播种育苗的盆栽花卉）生产上的最佳育苗方式。

1. 播种育苗的基质

用于播种育苗的基质必须轻质、疏松、卫生、理化性状稳定。pH 值为 5.5~6.5，EC 值为 0.65~0.75。

播种育苗基质的制备目前可根据实际情况采用下面两种方法。

（1）改良传统播种育苗土壤的制备　本方法适合种子价格较低的花卉育苗或较初级的苗圃应用。园土经阳光暴晒消毒后，先打碎并除去杂物。然后用孔径 0.8~1cm 的筛子过筛，分出粗粒和细粒备用。用以上细粒土和龙糠灰按 3:1 的比例配成播种土。用硫酸亚铁或石灰将 pH 值调节至 5.5~6.5。

（2）采用专业生产的基质制备　本方法虽然成本略高，但轻质、疏松、卫生，且理化性状稳定，适合种子价格较高的花卉和规模较大的苗圃。用经过消毒的泥炭土和粗粒珍珠岩按 8:2 的比例配成播种基质。用硫酸亚铁或石灰将 pH 值调节至 5.5~6.5。

播种育苗的基质必须经过消毒。可采用化学药剂消毒的方法：每立方基质可用 40% 的福尔马林 400~500mL 的稀释液均匀浇灌后密封 24h，然后让其挥发 10~14 天便可使用。

2. 播种育苗的容器

花卉育苗必须采用容器育苗，并在主要环境条件便于控制的场所进行，不能在包括大田在内的一切无控制能力的条件下育苗。播种育苗的容器必须轻便、不易变形、易于清洗、规格正确。目前市场上已有多种规格的容器可供选用，建议采用规格为 600mm × 240mm × 60mm 的容器。重复使用的容器必须经过清洗、消毒。

3. 播种季节及温度

播种季节与环境温度密切相关，大多数种类的种子发芽温度为 18 ~ 22℃。南方的播种季节限制较少。江浙一带以及四季分明的地区以春季和秋季为宜。北方地区宜春季播种。温室等保护地，只要能将温度调节适宜便可全年播种。

播种土必须经测试符合播种基质（土壤）的要求。在洗干净的容器内，做好排水孔的垫塞材料，装入粗粒土以便排水，粗粒土的厚度约 1.5cm。在粗粒土上加入制备好的播种土或播种基质。对细小粒种子的花卉，最上面约 1cm 左右可用 0.3 ~ 0.8cm 孔径的筛子过筛填入。播种基质的厚度为 3.5cm。播种土或基质装完后，必须刮平，并确保基质表面至容器口有 2 ~ 3cm 的余地。

1）播种操作。由种子公司专业生产的种子一般不需要处理便可直接播种。播种必须均匀，播种密度适当，覆土厚度必须小于种子直径的 1 ~ 2 倍。

细小粒种子一般不宜覆土。有些种类的种子发芽过程中需要光照，播种后不宜覆土或应少覆盖，覆盖仅为了增加湿度。种子播完后必须压实，确保种子和基质紧密结合。

2）播种后的浇水。水必须清洁，无病菌，pH 值为 7.0 左右。浇水方式通常采用盆底浸水法：将播种后的容器放置在水槽内，水位必须略低于容器。

观察到土壤表面有三分之一面积湿润时即刻将播种容器移出水槽。用清洁的玻璃将播种容器盖住，直至种子发芽。种子萌芽过程中的水分湿度管理为：一般浸水后水分可保持一周左右，夜间应略打开玻璃透气；对有些萌芽时间较长种类的种子，待基质表面干燥时可再次浇水。种子萌芽后应将玻璃移去。

喷雾法是适合大规模生产种苗的浇水方式。可以实施定时喷雾，一般白天间歇喷雾。将播种后的容器放置到有喷雾装置的区域进行此项工作。

无论何种浇水方式，水分管理都要保持基质湿润，防止过干过湿，尤其注意温度偏低以及雨水季节的排水。

4. 种子萌芽后的管理

第一阶段：播种至主根的形成。保持土壤温度 18 ~ 24℃，湿润，土壤 pH 值为 5.5 ~ 5.8，EC 值小于 0.75。

第二阶段：茎和子叶的形成。保持土壤温度 18 ~ 21℃，幼根出现后可略降低供水量，有利根系生长。光照在 5000 ~ 16000lx。土壤 pH 值为 5.5 ~ 5.8，EC 值小于 0.75。浇水中可含（50 ~ 75）× 10^{-6} 氮。

第三阶段：真叶的形成和生长。保持土壤温度 17 ~ 18℃，浇水的间隙土壤可以干燥，但要避免幼苗萎蔫，这样做将非常有利于根系生长。光照可增强到 11000 ~

27000lx，土壤 pH 值为 5.5~5.8，EC 值小于 1.0，施肥浓度为（100~150）×10⁻⁶的氮。这阶段可用低浓度的杀菌剂（敌克松 300~500 倍，浇灌）来防治病害。

第四阶段：移植阶段。保持土壤温度 16~17℃。浇水的间隙土壤可以干燥，但要避免幼苗萎蔫，土壤 pH 值为 5.5~5.8，EC 值小于 1.0。浇水、施肥宜上午进行，这样到了晚上叶面干燥，可以有效减少病害。

5. 移植

种子发芽后，待真叶展出，幼苗的真叶互相相遇时必须移植。移植用土（基质）和容器的要求同播种。移植密度根据苗木大小确定，一般每盘（600mm × 240mm × 60mm）为 80~120 株。经移植的幼苗浇水同播种。移植后必须在阳光充足处生长，温度宜控制在 15~25℃，土壤（基质）pH 值宜为 5.5~6.5，EC 值宜为 0.75~2.0，施肥浓度为（150~200）×10⁻⁶。移植苗生长到叶片互相相遇必须及时上盆或种植。

二、家庭花卉播种繁殖

1）先找些简单的材料：浅盆 1 个、干净的纸巾 1 张、能套入浅盆的密封袋，如图 3-11 所示。

2）把纸巾叠一下，放到浅盆里，如图 3-12 所示。

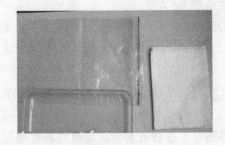
图 3-11　工具准备

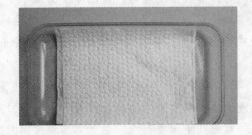
图 3-12　铺纸巾

3）倒入凉开水或开水，如图 3-13 所示。

4）待纸巾放凉后，倒去多余的水，因为水多了，种子会"飘"，不利于种子发芽，特别是香草类，遇水后，有层像果冻的胶膜，太湿了就会影响发芽，如图 3-14 所示。

图 3-13　湿润纸巾

图 3-14　倒出多余的水

5）放上想播的种子，不要放太密，因种子会发胀，如图 3-15 所示。

6）装进密封袋里，封好，把标签粘上，如图 3-16 所示。

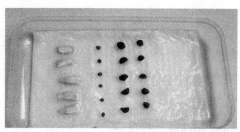

图 3-15　放种子

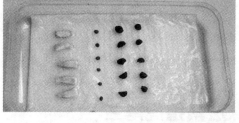

图 3-16　密封

7）每天打开袋口半小时左右透气，观察发芽情况，如图 3-17 所示。

8）把已发芽的种子及时种到土里，别等芽长出过长才种。在准备好的基质挖个小洞，让芽有个下脚的地方，然后轻轻盖上薄土，浇上水，如图 3-18 所示。

图 3-17　透气

图 3-18　种植

单元四　综合实训

综合实训一　分株法繁殖虎尾兰

一、实训目标

1）掌握分株繁殖的方法。

2）能够用分株法繁殖虎尾兰。

二、工具材料

瓦片、虎尾兰、剪枝剪、刀片、花盆、0.12%高锰酸钾溶液、营养土、喷壶。

三、组织安排

1. 实训要求

1）听从教师组织管理，遵守实习场所规章制度。

2）正确使用刀片，安全文明操作。

3）节约实习材料，完工清场。

2. 分组安排

每组2人，每组完成10盆虎尾兰的分株操作，并将分株后的虎尾兰上盆。

四、操作流程

操作流程如图4-1所示。

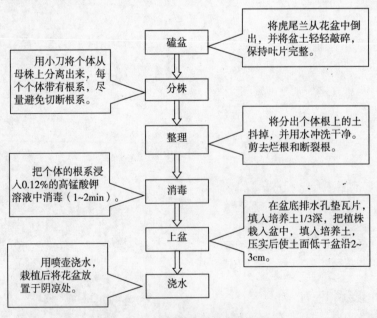

图4-1　分株法繁殖虎尾兰操作流程

五、评价反馈

评价反馈见表 4-1。

表 4-1　分株法繁殖虎尾兰评价反馈

序号	考核项目	考核要点	分值	得分
1	磕盆	叶片是否完整	10 分	
2	分株	是否切断根系	20 分	
3	整理	是否损坏根系，整理是否干净	10 分	
4	消毒	浓度和时间是否合适	10 分	
5	上盆	是否按流程操作	20 分	
6	浇水	浇水量是否合适	10 分	
7	安全操作	正确使用工具，安全操作	10 分	
8	职业素养	完工清场	10 分	
	合计		100 分	
总体评价（描述）				

综合实训二　彩叶草的扦插

一、实训目标

1）掌握嫩枝扦插繁殖的方法。

2）能够用嫩枝扦插繁殖彩叶草。

二、工具材料

1）彩叶草、刀片、喷壶、水壶、塑料膜、遮阳网、自来水、温度计。

2）苗床（扦插基质为筛过的河沙）。

三、组织安排

1. 实训要求

1）听从教师组织管理，遵守实习场所规章制度。

2）正确使用刀片，安全文明操作。

3）节约实习材料，完工清场。

2. 分组安排

每组 4 人，每组完成 20 盆彩叶草母株的嫩枝扦插任务。

四、操作流程

操作流程如图 4-2 所示。

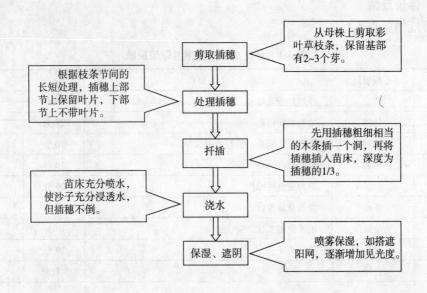

图 4-2　彩叶草的扦插操作流程

五、评价反馈

评价反馈见表4-2。

表4-2　彩叶草的扦插评价反馈

序号	考核项目	考核要点	分值	得分
1	剪取插穗	基部是否保留 2 ~ 3 个芽	10 分	
2	处理插穗	长短是否适中，并保留插穗上部节叶片，不带下部节上叶片	30 分	
3	扦插	深度是否适中	20 分	
4	浇水	沙子是否充分浸透水，插穗是否不倒	10 分	
5	保湿、遮阴	湿度是否适宜，见光度是否逐渐增强	10 分	
6	安全操作	正确使用工具，安全操作	10 分	
7	职业素养	完工清场	10 分	
8	合计		100 分	
总体评价（描述）				

综合实训三　美人蕉的根茎繁殖

一、实训目标

1）掌握分球繁殖的方法。

2）能够用分球繁殖美人蕉。

二、工具材料

美人蕉根茎、片刀、沙子、花盆、草木灰、喷壶。

三、组织安排

1. 实训要求

1）听从教师组织管理，遵守实习场所规章制度。

2）正确使用刀片，安全文明操作。

3）节约实习材料，完工清场。

2. 分组安排

每组2人，每组完成10株美人蕉分球的任务。

四、操作流程

操作流程如图4-3所示。

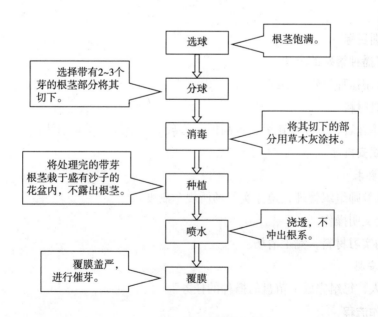

图4-3　美人蕉的根茎繁殖操作流程

五、评价反馈

评价反馈见表4-3。

表 4-3　美人蕉的根茎繁殖评价反馈

序号	考核项目	考核要点	分值	得分
1	选球	选择根茎是否饱满	10 分	
2	分球	切根茎部分是否正确	30 分	
3	消毒	消毒方式是否正确	20 分	
4	种植	是否露出根茎	10 分	
5	喷水	是否浇透，不冲出根系	10 分	
6	覆膜	覆膜是否严实		
7	安全操作	正确使用工具，安全操作	10 分	
8	职业素养	完工清场	10 分	
9	合计		100 分	

总体评价 （描述）	

综合实训四　一串红盆播

一、实训目标
1）掌握播种繁殖的方法。
2）能够用播种繁殖一串红。

二、工具材料
泥炭、珍珠岩、铁锹或花铲、木刮板、苗盘、一串红种子和细沙。

三、组织安排
1. 实训要求
1）听从教师组织管理，遵守实习场所规章制度。
2）安全文明操作。
3）节约实习材料，完工清场。
2. 分组安排
每组 4 人，每组完成 1 苗盘的播种的任务。

四、操作流程
操作流程如图 4-4 所示。

五、评价反馈
评价反馈见表 4-4。

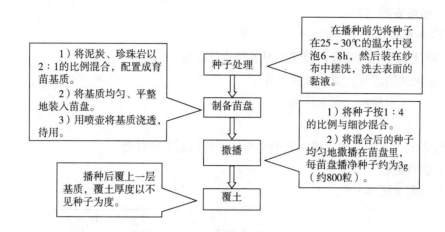

图4-4　一串红盆播操作流程

表4-4　一串红盆播评价反馈

序号	考核项目	考核要点	分值	得分
1	种子处理	浸泡温度是否合理，有无洗去表面的黏液	20分	
2	制备苗盘	泥炭与珍珠岩的混合，装入苗盘是否恰当，基质是否浇透	20分	
3	撒播	混合比例及撒播流程是否正确	30分	
4	覆土	覆土厚度是否正确	10分	
5	安全操作	正确使用工具，安全操作	10分	
6	职业素养	完工清场	10分	
7	合计		100分	
总体评价（描述）				

综合实训五　大岩桐的叶片扦插

一、实训目标

1）掌握叶片扦插繁殖的方法。

2）能够用叶片扦插繁殖大岩桐。

二、工具材料

大岩桐的健壮植株、遮阴网、刀片或剪刀、苗床、水壶、塑料喷壶、塑料膜。

三、组织安排

1. 实训要求

1）听从教师组织管理，遵守实习场所规章制度。

2）正确使用刀片，安全文明操作。

3）节约实习材料，完工清场。

2. 分组安排

每组 2 人，每组完成 5 株大岩桐母株叶子扦插繁殖的任务。

四、操作流程

操作流程如图 4-5 所示。

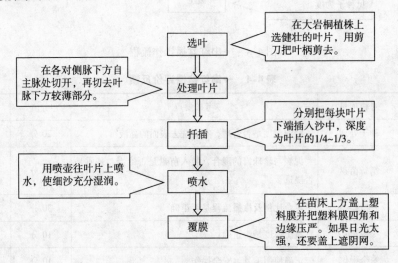

图 4-5　大岩桐的叶片扦插操作流程

五、评价反馈

评价反馈见表 4-5。

表 4-5　大岩桐的叶片扦插评价反馈

序号	考核项目	考核要点	分值	得分
1	选叶	叶片选择是否正确	10 分	
2	处理叶片	叶片的处理是否正确	30 分	
3	扦插	插入深度是否符合要求	20 分	
4	喷水	喷水是否正确，细沙是否充分湿润	10 分	
5	覆膜	覆膜是否严实	10 分	
6	安全操作	正确使用工具，安全操作	10 分	
7	职业素养	完工清场	10 分	
8	合计		100 分	
总体评价（描述）				

综合实训六 普通压条法繁殖枸杞

一、实训目标

1）掌握普通压条繁殖的方法。

2）能够用普通压条繁殖枸杞。

二、工具材料

枸杞苗、小刀、铁锹、花铲、木钩、水管或喷壶。

三、组织安排

1. 实训要求

1）听从教师组织管理，遵守实习场所规章制度。

2）正确使用刀片，安全文明操作。

3）节约实习材料，完工清场。

2. 分组安排

每组4人，每组完成2株枸杞普通压条繁殖的任务。

四、操作流程

操作流程如图4-6所示。

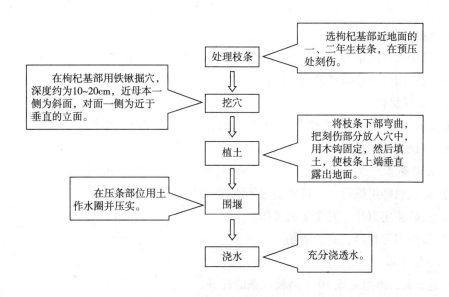

图4-6 普通压条法繁殖枸杞操作流程

五、评价反馈

评价反馈见表4-6。

表4-6　普通压条法繁殖枸杞评价反馈

序号	考核项目	考核要点	分值	得分
1	处理枝条	选择枝条是否正确	20分	
2	挖穴	挖穴深度是否合适	20分	
3	植土	植土操作是否符合流程	20分	
4	围堰	是否在压条部位用土作水圈并压实	10分	
5	浇水	是否充分浇透水	10分	
6	安全操作	正确使用工具，安全操作	10分	
7	职业素养	完工清场	10分	
8	合计		100分	
总体评价（描述）				

综合实训七　高枝压条法繁殖橡皮树

一、实训目标

1）掌握高枝压条繁殖的方法。

2）能够用高枝压条繁殖橡皮树。

二、工具材料

橡皮树、小刀、吲哚乙酸50%酒精溶液、苔藓、腐殖土、塑料袋、喷壶。

三、组织安排

1. 实训要求

1）听从教师组织管理，遵守实习场所规章制度。

2）正确使用刀片，安全文明操作。

3）节约实习材料，完工清场。

2. 分组安排

每组2人，每组完成10个高枝压条的任务。

四、操作流程

操作流程如图4-7所示。

五、评价反馈

评价反馈见表4-7。

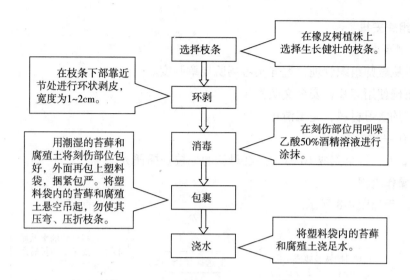

图 4-7 高枝压条法繁殖橡皮树操作流程

表 4-7 高枝压条法繁殖橡皮树评价反馈

序号	考核项目	考核要点	分值	得分
1	选择枝条	枝条选择是否正确	10 分	
2	环剥	环剥宽度是否符合要求	30 分	
3	消毒	消毒方式是否正确	20 分	
4	包裹	包裹流程是否正确	10 分	
5	浇水	是否浇足水	10 分	
6	安全操作	正确使用工具，安全操作	10 分	
7	职业素养	完工清场	10 分	
8	合计		100 分	
总体评价 （描述）				

综合实训八 一品红的扦插繁殖

一、实训目标

1）掌握绿枝扦插繁殖的方法。

2）能够用绿枝扦插繁殖一品红。

二、工具材料

一品红母株、剪刀、装好基质的花盆、喷壶。

三、组织安排

1. 实训要求

1）听从教师组织管理，遵守实习场所规章制度。

2）正确使用刀片，安全文明操作。

3）节约实习材料，完工清场。

2. 分组安排

每组2人，每组完成10株一品红母株的绿枝扦插任务。

四、操作流程

操作流程如图4-8所示。

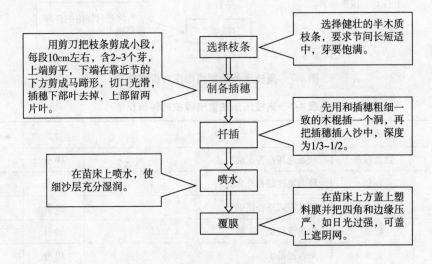

图 4-8　一品红的扦插繁殖操作流程

五、评价反馈

评价反馈见表4-8。

表 4-8　一品红的扦插繁殖评价反馈

序号	考核项目	考核要点	分值	得分
1	选择枝条	枝条选择是否正确	10 分	
2	制备插穗	是否按流程进行操作	30 分	
3	扦插	扦插深度是否合适	20 分	
4	喷水	是否使细沙层充分湿润	10 分	
5	覆膜	苗床四角和边缘是否压严	10 分	
6	安全操作	正确使用工具，安全操作	10 分	
7	职业素养	完工清场	10 分	
8	合计		100 分	
总体评价（描述）				

综合实训九　月季的绿枝扦插繁殖

一、实训目标

1) 掌握绿枝扦插繁殖的方法。

2) 能够用绿枝扦插繁殖月季。

二、工具材料

月季母株、剪刀、装好基质的花盆、喷壶。

三、组织安排

1. 实训要求

1) 听从教师组织管理，遵守实习场所规章制度。

2) 正确使用刀片，安全文明操作。

3) 节约实习材料，完工清场。

2. 分组安排

每组 2 人，每组完成 10 株月季母株的绿枝扦插任务。

四、操作流程

操作流程如图 4-9 所示。

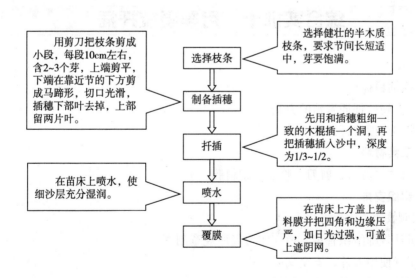

图 4-9　月季的绿枝扦插繁殖操作流程

五、评价反馈

评价反馈见表 4-9。

表 4-9　月季的绿枝扦插繁殖评价反馈

序号	考核项目	考核要点	分值	得分
1	选择枝条	枝条选择是否正确	10 分	
2	制备插穗	是否按流程进行操作	30 分	
3	扦插	扦插深度是否合适	20 分	
4	喷水	是否使细沙层充分湿润	10 分	
5	覆膜	苗床四角和边缘是否压实	10 分	
6	安全操作	正确使用工具，安全操作	10 分	
7	职业素养	完工清场	10 分	
8	合计		100 分	

总体评价
（描述）

综合实训十　月季硬枝扦插

一、实训目标

1）掌握硬枝扦插繁殖的方法。

2）能够用硬枝扦插繁殖月季。

二、工具材料

月季母株、剪刀、剪刀、喷壶、塑料膜。

三、组织安排

1. 实训要求

1）听从教师组织管理，遵守实习场所规章制度。

2）正确使用刀片，安全文明操作。

3）节约实习材料，完工清场。

2. 分组安排

每组 2 人，每组完成 10 盆月季扦插苗的任务。

四、操作流程

操作流程如图 4-10 所示。

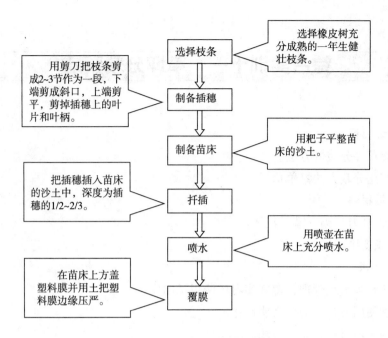

图 4-10　月季硬枝扦插操作流程

五、评价反馈

评价反馈见表 4-10。

表 4-10　月季硬枝扦插评价反馈

序号	考核项目	考核要点	分值	得分
1	选择枝条	枝条选择是否正确	10 分	
2	制备插穗	是否按流程进行操作	20 分	
3	制备苗床	平整是否符合要求	20 分	
4	扦插	扦插深度是否合适	10 分	
5	喷水	喷水是否充分	10 分	
6	覆膜	苗床四角和边缘是否压严	10 分	
7	安全操作	正确使用工具，安全操作	10 分	
8	职业素养	完工清场	10 分	
9	合计		100 分	
总体评价 （描述）				

综合实训十一　草坪分栽繁殖

一、实训目标

1）掌握草坪分栽的方法。

2）能够用分栽方法繁殖草坪。

二、工具材料

草坪苗、利刀、镐、锹、花铲。

三、组织安排

1. 实训要求

1）听从教师组织管理，遵守实习场所规章制度。

2）正确使用刀片，安全文明操作。

3）节约实习材料，完工清场。

2. 分组安排

每组2人，每组完成2平方米草坪的繁殖任务。

四、操作流程

操作流程如图4-11所示。

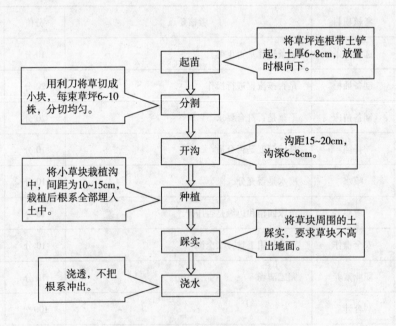

图4-11　草坪分栽繁殖操作流程

五、评价反馈

评价反馈见表4-11。

表 4-11 草坪分栽繁殖评价反馈

序号	考核项目	考核要点	分值	得分
1	起苗	起苗是否正确	10 分	
2	分割	分割是否正确	20 分	
3	开沟	沟距和沟深是否正确	10 分	
4	种植	种植间距是否正确	20 分	
5	踩实	草块是否不高出地面	10 分	
6	浇水	是否浇透，不把根系冲出	10 分	
7	安全操作	正确使用工具，安全操作	10 分	
8	职业素养	完工清场	10 分	
9	合计		100 分	
总体评价（描述）				

综合实训十二　土壤消毒

一、实训目标

1）掌握土壤消毒的方法。

2）能够进行土壤消毒。

二、工具材料

铁锹、量筒、福尔马林、需要消毒用土、塑料薄膜。

三、组织安排

1. 实训要求

1）听从教师组织管理，遵守实习场所规章制度。

2）正确消毒药品，安全文明操作。

3）节约实习材料，完工清场。

2. 分组安排

每组 5 人，每组完成 $1m^3$ 土壤的消毒任务。

四、操作流程

操作流程如图 4-12 所示。

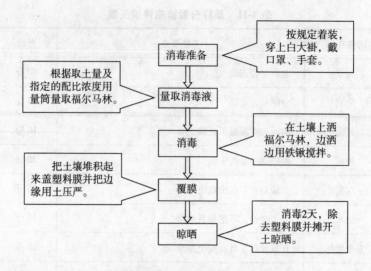

消毒准备 → 按规定着装，穿上白大褂，戴口罩、手套。

根据取土量及指定的配比浓度用量筒量取福尔马林。 → 量取消毒液

消毒 → 在土壤上洒福尔马林，边洒边用铁锹搅拌。

把土壤堆积起来盖塑料膜并把边缘用土压严。 → 覆膜

晾晒 → 消毒2天，除去塑料膜并摊开土晾晒。

图 4-12 土壤消毒操作流程

五、评价反馈

评价反馈见表 4-12。

表 4-12 土壤消毒评价反馈

序号	考核项目	考核要点	分值	得分
1	选球	选择根茎是否饱满	10 分	
2	分球	是否选择带有 2～3 个芽的根茎部分将其切下	20 分	
3	消毒	将其切下的部分是否用草木灰涂抹	20 分	
4	种植	将处理完的带芽根茎是否栽于盛有沙子的花盆内，不露出根茎	10 分	
5	喷水	是否浇透，不冲出根系	10 分	
6	覆膜	是否覆膜严实	10 分	
7	安全操作	正确使用工具，安全操作	10 分	
8	职业素养	完工清场	10 分	
9	合计		100 分	
总体评价 （描述）				

参 考 文 献

[1] 吴志华. 花卉生产技术 [M]. 北京：中国林业出版社，2003.

[2] 陈春利. 花卉生产技术 [M]. 北京：机械工业出版社，2013.

[3] 周淑香. 花卉生产技术 [M]. 北京：机械工业出版社，2013.